Michaël Martinez

Simulation ab initio de molecules d'intérêt biologique

Michaël Martinez

Simulation ab initio de molecules d'intérêt biologique

Modes de vibrations pour la spectroscopie infrarouge

Presses Académiques Francophones

Impressum / Mentions légales

Bibliografische Information der Deutschen Nationalbibliothek: Die Deutsche Nationalbibliothek verzeichnet diese Publikation in der Deutschen Nationalbibliografie; detaillierte bibliografische Daten sind im Internet über http://dnb.d-nb.de abrufbar.

Alle in diesem Buch genannten Marken und Produktnamen unterliegen warenzeichen-, marken- oder patentrechtlichem Schutz bzw. sind Warenzeichen oder eingetragene Warenzeichen der jeweiligen Inhaber. Die Wiedergabe von Marken, Produktnamen, Gebrauchsnamen, Handelsnamen, Warenbezeichnungen u.s.w. in diesem Werk berechtigt auch ohne besondere Kennzeichnung nicht zu der Annahme, dass solche Namen im Sinne der Warenzeichen- und Markenschutzgesetzgebung als frei zu betrachten wären und daher von jedermann benutzt werden dürften.

Information bibliographique publiée par la Deutsche Nationalbibliothek: La Deutsche Nationalbibliothek inscrit cette publication à la Deutsche Nationalbibliografie; des données bibliographiques détaillées sont disponibles sur internet à l'adresse http://dnb.d-nb.de.

Toutes marques et noms de produits mentionnés dans ce livre demeurent sous la protection des marques, des marques déposées et des brevets, et sont des marques ou des marques déposées de leurs détenteurs respectifs. L'utilisation des marques, noms de produits, noms communs, noms commerciaux, descriptions de produits, etc, même sans qu'ils soient mentionnés de façon particulière dans ce livre ne signifie en aucune façon que ces noms peuvent être utilisés sans restriction à l'égard de la législation pour la protection des marques et des marques déposées et pourraient donc être utilisés par quiconque.

Coverbild / Photo de couverture: www.ingimage.com

Verlag / Editeur:
Presses Académiques Francophones
ist ein Imprint der / est une marque déposée de
OmniScriptum GmbH & Co. KG
Heinrich-Böcking-Str. 6-8, 66121 Saarbrücken, Deutschland / Allemagne
Email: info@presses-academiques.com

Herstellung: siehe letzte Seite /
Impression: voir la dernière page
ISBN: 978-3-8381-4480-1

Zugl. / Agréé par: Paris, Université Pierre et Marie Curie, thèse, 2006

Copyright / Droit d'auteur © 2014 OmniScriptum GmbH & Co. KG
Alle Rechte vorbehalten. / Tous droits réservés. Saarbrücken 2014

Table des matières

1 Introduction   5

   1.1 Généralités sur la spectroscopie infrarouge 10

       1.1.1 Théorie de la réponse linéaire 14

   1.2 Spectroscopie infrarouge et dynamique moléculaire classique 22

   1.3 Spectroscopie infrarouge et dynamique moléculaire quantique 24

       1.3.1 Théorie de la fonctionnelle de la densité (DFT) 25

       1.3.2 Méthode Car-Parrinello 27

       1.3.3 Moment dipolaire électronique 28

       1.3.4 Orbitales de Wannier 30

2 Analyse vibrationnelle   33

   2.1 Systèmes polyatomiques harmoniques, analyse en modes normaux (NMA) 35

       2.1.1 Modes normaux 37

       2.1.2 Coordonnées normales 37

       2.1.3 Autres types de coordonnées 38

   2.2 Systèmes non-harmoniques, température finie 39

       2.2.1 Conséquence de l'anharmonicité sur les spectres vibrationnels, densité d'états vibrationnels (VDOS) 40

       2.2.2 Modes normaux instantanés 43

       2.2.3 Analyse en modes principaux (PMA) 44

		2.2.4 Dynamique Moléculaire Dirigée (DMD) 46

    2.3 État des lieux, applications à de larges systèmes 47

        2.3.1 Applications aux macromolécules biologiques 49

3 Localisation des modes de vibration   51

    3.1 Localisation en fréquence 53

        3.1.1 Solution du problème de minimisation 56

        3.1.2 n=-2, Analyse en modes principaux 58

        3.1.3 n=2, Analyse en modes normaux 60

        3.1.4 Simulation de durée finie 63

    3.2 Repère fixe et conditions d'Eckart 63

        3.2.1 Changement de repère, implémentation dans le programme 66

        3.2.2 Changement de référentiel 67

        3.2.3 Conséquence sur la diagonalisation 68

        3.2.4 Conditons d'Eckart sur les vecteurs propres 70

    3.3 Applications en coordonnées cartésiennes 73

        3.3.1 Formaldéhyde 73

        3.3.2 Molécules d'eau dans l'eau à 300 K 75

        3.3.3 Uracile en phase aqueuse 77

    3.4 Développement en coordonnées internes 79

        3.4.1 Coordonnées naturelles localisées 80

        3.4.2 stretching 82

        3.4.3 bending 83

        3.4.4 torsion propre 83

        3.4.5 torsion impropre 84

        3.4.6 Choix des coordonnées internes 84

TABLE DES MATIÈRES

    3.4.7 Exemple de construction des matrices B 86

  3.5 Dynamique en coordonnées internes 87

    3.5.1 Localisation des modes en coordonnées internes 87

    3.5.2 Distribution d'energie potentielle (PED) 88

    3.5.3 Passage des coordonnées internes aux coordonnées cartésiennes 89

  3.6 Applications en coordonnées internes 91

    3.6.1 Formaldéhyde et boîte d'eau 91

    3.6.2 N-Méthyl-Acétamide 93

4 Reconstruction d'un spectre infrarouge   95

  4.1 Approximation harmonique, calcul des intensités dans une configuration d'équilibre 97

  4.2 Intensités infrarouges à partir de calculs de dynamique moléculaire 99

  4.3 Règles de somme 100

  4.4 Calcul des tenseurs de polarisabilité atomique (APT) 100

  4.5 Décomposition du spectre infrarouge 102

  4.6 Exemples d'application 105

    4.6.1 Eau liquide 105

    4.6.2 Mouvements de rotation : le formaldéhyde en phase gaseuse 107

    4.6.3 Approximations de décorrélation : NMA en phase liquide 107

5 Peptides et polypeptides   111

  5.1 N-Méthyl-Acétamide : le modèle de la liaison peptidique. 114

    5.1.1 Spectres infrarouges 115

    5.1.2 Analyse des modes de vibration et de leurs intensités infrarouges associées 115

  5.2 chaînes peptidiques : une hélice d'octa-alanine 120

    5.2.1 Illustration des couplages vibrationnels des modes Amide I et Amide II sur la di-alanine 122

6 Fucose Sulfaté — 123

    6.1 Etude statique 126

        6.1.1 Optimisations de géométrie 126

        6.1.2 Analyse vibrationelle sur les géométries d'équilibre 128

    6.2 Dynamique moléculaire CPMD 132

        6.2.1 Comparaison des profils statiques et dynamiques Car-Parrinello 133

        6.2.2 VDOS en coordonnées internes 135

    6.3 Comparaison à l'expérience : fucose sulfaté en C3 137

        6.3.1 Interprétation des bandes 139

7 Conclusions et perspectives — 143

A Unités, conversions et mesures expérimentales — 149

    A.1 Unités Atomiques 151

    A.2 Grandeurs macroscopiques d'absorption 154

B — 155

    B.1 Equivalence au problème de minimisation 157

    B.2 Spectres de puissance, alternative aux calculs des corrélations 159

Chapitre 1

Introduction

Introduction

Dans les domaines de la chimie et de la physico-chimie, les simulations numériques à l'échelle microscopique sont devenues quasiment indispensables à l'heure actuelle. Les connaissances théoriques et les moyens de calcul croissants permettent des applications variées. On a ainsi accès aux propriétés structurales, thermodynamiques, mécaniques, et à la description de réactions chimiques de molécules en phase gazeuse, en phase liquide et plus généralement dans les milieux condensés. Les simulations numériques sont un apport fondamental à l'interprétation des expériences. Dans ce cadre les simulations de dynamique moléculaire et de Monte-Carlo sont les plus utilisées.

Dans le domaine des sciences du vivant les simulations numériques ont également pris une place considérable pour aider à l'interprétation des mécanismes physico-chimiques en biologie. L'essor actuel de la biophysique est lié aux expériences de plus en plus précises et complexes, mais aussi aux modélisation associées. L'exploration des structures des bio-polymères comme les protéines et les chaînes d'acides nucléiques est une part importante de la recherche actuelle en biologie moléculaire et en biochimie. Ces recherches sont motivées par la corrélation observée entre les structures tridimensionnelles et leurs fonctions [1, 2] : connaître la structure d'une biomolécule, c'est anticiper sa fonction biologique. L'aspect dynamique et les fluctuations associées à ces sytèmes sont également à considérer.

La spectroscopie optique linéaire est une méthode largement utilisée pour obtenir des renseignements structuraux sur les molécules biologiques. En effet, les expériences de spectroscopie vibrationnelle, comme la spectroscopie d'absorption infrarouge ou de diffusion Raman, sont sensibles aux conformations adoptées par les molécules. On peut obtenir des informations structurales globales comme la présence d'hélices α ou de feuillets β dans les peptides et les protéines, les conformations de type A ou B pour les acides nucléiques ou la formation de complexes ADN-ligand. Il est possible de déduire des renseignements à l'échelle atomique par substitution isotopique, et d'étudier les évolutions des spectres dans différents environnements pour caractériser la formation de liaisons hydrogènes intra et intermoléculaires. Un des atouts de la spectroscopie infrarouge ou Raman est qu'elles sont considérées comme relativement simples à mettre en oeuvre, et peuvent être réalisées en phase gazeuse ou liquide. La vision "statique" apportée par ces expériences peut être complétée par une approche dynamique. C'est tout l'intérêt des expériences de spectroscopie non-linéaire comme les méthodes infrarouges à deux dimensions (IR-2D) [3] ou pompe-sondes actuellement en plein développement. Ces expériences devraient rendre possible la caractérisation, en fonction du temps, des mécanismes qui se mettent en place lors du repliement des protéines. Une autre voie de recherches est le couplage entre la spectrométrie de masse (qui s'applique à des systèmes ioniques en phase gazeuse) et la spectrométrie infrarouge pour exciter et détecter des fragments moléculaires, telles que l'IRMPD [4] réalisé à Orsay.

Ces expériences doivent être couplées à des calculs théoriques de structure et de dynamique pour obtenir une interprétation précise des processus physiques et chimiques sous-jacents. Le calcul de spectres vibrationnels est directement dépendant des champs de force qui sont les données de base des calculs de chimie théorique et de dynamique moléculaire. Les intensités d'absorption infrarouge sont elles liées au moment dipolaire du système, qui est une grandeur électronique. Pour obtenir à la fois des données sur les structures et sur la dynamique des biomolécules, il faut réaliser des simulations de dynamique moléculaire. Il existe deux niveaux principaux de représentations.

En dynamique moléculaire classique le système moléculaire est considéré comme un ensemble ponctuel d'atomes qui interagissent via des potentiels analytiques. Leurs dynamiques sont soumises à la loi d'évolution classique de Newton : $\mathbf{F} = m\mathbf{a}$. On peut ainsi traiter des systèmes composés de plusieurs milliers d'atomes. Les paramètres des champs de force sont mis au point pour reproduire des données structurales, dynamiques ou thermodynamiques. Durant mon stage de DEA [5], j'ai montré l'insuffisance de champs de force pour les biomolécules (CHARMM et AMBER) à reproduire correctement les spectres infrarouges de ces biomolécules. D'une part, les positions des bandes vibrationnelles ainsi que leurs intensités ne sont pas correctement reproduites dans les calculs. D'autre part, les élargissements des bandes d'absorption attendus lorsque le soluté est immergé dans un solvant sont inexistants.

En dynamique moléculaire *ab initio* on ne fait pas appel à des champs de forces empiriques, et on résoud l'équation de Schrödinger pour les électrons. Parmi les méthodes développées, la dynamique moléculaire de type Car-Parrinello permet de traiter des systèmes composés de quelques centaines d'atomes. Cette méthode prend en compte la nature quantique des électrons, ce qui permet par exemple d'étudier des processus de réactivité chimique, comme la formation et la cassure de liaisons covalentes. La dynamique des noyaux, soumis aux forces électroniques, est traitée classiquement dans l'approximation de Born-Oppenheimer. Cette méthode contient les éléments nécessaires pour reproduire correctement des spectres d'absorption infrarouge. Les premières études de M.Parrinello [6, 7] portaient sur la spectroscopie infrarouge de fluides moléculaires comme l'eau et la glace. M.Sprik, M.P.Gaigeot et R.Vuilleumier [8, 9] ont démontré la pertinence des dynamiques Car-Parrinello pour la spectroscopie infrarouge de molécules immergées dans un solvant, et des molécules flexibles en phase gazeuse.

Une fois le spectre infrarouge calculé, il faut interpréter les bandes d'absorption en termes de mouvements atomiques, c'est à dire déterminer les modes de vibrations responsables de chacune des bandes d'absorption infrarouge. Comme nous le verrons, il existe déjà des méthodes développées dans la littérature pour cela. Nous verrons leurs limitations, généralement liées à des temps de calculs très importants si les dynamiques sont réalisées *ab initio*. Je présente dans cette thèse une nouvelle approche pour le calcul de modes de vibration à partir d'une dynamique moléculaire, et son application à la spectroscopie infrarouge.

Mon travail est séparé en deux parties. Dans la première j'ai développé une méthode systématique de localisation en fréquence des modes de vibration de molécules isolées en phase gazeuse ou immergées en phase liquide. Cette méthode a été généralisée aux coordonnées internes, ce qui permet d'interpréter les mouvements de vibration en termes d'élongations des liaisons et d'angles entre les atomes covalents. Comme nous le verrons, cela permet d'élargir le traitement à une plus grande variété de molécules, et répond directement aux attributions effectuées par les expérimentateurs. Dans la seconde, nous verrons son application à la reconstruction, bande par bande, des spectres infrarouges. Cela fournit une interprétation quantitative et à l'échelle microscopique des mesures expérimentales.

Dans ce qui suit, je discuterai tout d'abord plus précisément la spectroscopie infrarouge, ses relations avec les modes vibrationnels moléculaires et la théorie de la réponse linéaire qui permet le calcul de spectres d'absorption infrarouge à partir d'une dynamique moléculaire à l'équilibre thermodynamique. J'introduirai également les méthodes numériques existantes, en particulier les dynamiques moléculaires *ab initio* de type Car-Parrinello, et les moyens de calculer les moments dipolaires dans ce contexte. Dans le chapitre 2, je décrirai les méthodes usuellement mises en oeuvre pour analyser les spectres vibrationnels, en insistant sur les définitions des modes normaux de vibration à température nulle et les limites de leurs généralisations à des dynamiques moléculaires à température finie. La méthode que nous avons développée pour extraire les modes de vibration, et sa généralisation aux coordonnées internes sera présentée dans le chapitre 3. Ensuite, après une introduction aux calculs des intensités infrarouges, je montrerai l'intérêt supplémentaire de la méthode de localisation des modes pour la reconstruction des spectres infrarouges de systèmes anharmoniques à température finie. Je terminerai par deux applications : des peptitdes de différentes tailles et des sucres sulfatés. En conclusion, je ferai un bilan du domaine d'application et des limites de la méthode, je présenterai également des perspectives à mon travail.

1.1 Généralités sur la spectroscopie infrarouge

La spectroscopie d'absorption infrarouge est une technique relativement simple à mettre en oeuvre expérimentalement et utilisée de manière routinière depuis les années 70 en chimie-physique pour caractériser les propriétés structurales des molécules [10, 11, 12, 13, 14, 15, 16, 17]. Le protocole expérimental consiste schématiquement à soumettre l'échantillon que l'on souhaite étudier à un champ électromagnétique dont on connaît précisément la longueur d'onde et l'intensité. Le flux d'énergie du champ est enregistré après la traversée de l'échantillon, et on obtient l'intensité absorbée pour chaque longueur d'onde.

En spectroscopie infrarouge, les chimistes utilisent généralement comme échelle de fréquence le nombre d'onde noté ω [1], exprimé en cm^{-1}, égal à l'inverse de la longueur d'onde λ : $\omega = 1/\lambda = \bar{\nu}/c$ où c est la vitesse de la lumière. Dans le spectre du rayonnement électromagnétique l'infrarouge se situe entre le spectre visible et les micro-ondes (Fig.1.1), ce qui correspond à des fréquences ν entre 0.5 et 300 THz, typiquement de 20 à 10 000 cm^{-1}. On sépare la zone infrarouge en trois régions : l'infrarouge lointain de 20 à 200-400 cm^{-1}, le moyen infrarouge moyen jusqu'à 3000 cm^{-1}, puis le proche infrarouge s'étend jusqu'à 10 000 cm^{-1}. D'après

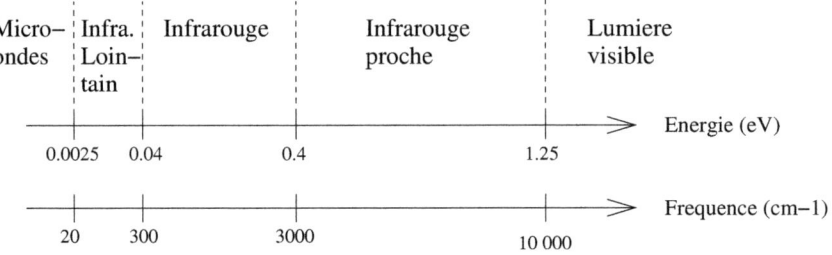

FIGURE 1.1 : Spectre électromagnétique dans l'infrarouge

la loi de Planck $E = h\nu$, cela correspond à des énergies relativement faibles, comprises entre l'énergie thermique à 30 Kelvin : $k_B T = 0.0025$ eV où k_B est la constante de Boltzmann et T la température et 1.25 eV. Cette perturbation électromagnétique provoque des vibrations des noyaux atomiques. Les fréquences et énergies supérieures font partie du domaine de l'absorption optique dans lequel les états électroniques sont excités. La délimitation entre ces zones est imprécise et dépendante des systèmes considérés. Par exemple dans les métaux l'excitation électronique débute vers 6000 cm^{-1}, car les énergies de gap des bandes de conduction sont faibles.

---
1. Cet abus de language est admis par tous. Le nombre d'onde parfois noté $\bar{\nu}$, ne doit pas être confondu avec la pulsation également nommée ω.

1.1. Généralités sur la spectroscopie infrarouge

Comme exemple de spectre infrarouge expérimental, la figure (1.2) montre le cas de l'héxène (C_6H_{12}). L'interprétation peut être faite de manière empirique. Si on connaît les signatures spectrales de chacun des groupes fonctionnels composant la molécule, c'est à dire les fréquences et les intensités de leurs bandes d'absorption, on peut reconstituer à l'aide de ces tables la composition d'un échantillon inconnu, ou observer des décalages dus à un environnement particulier. On sait que les mouvements qui impliquent un plus grand nombre d'atomes et de

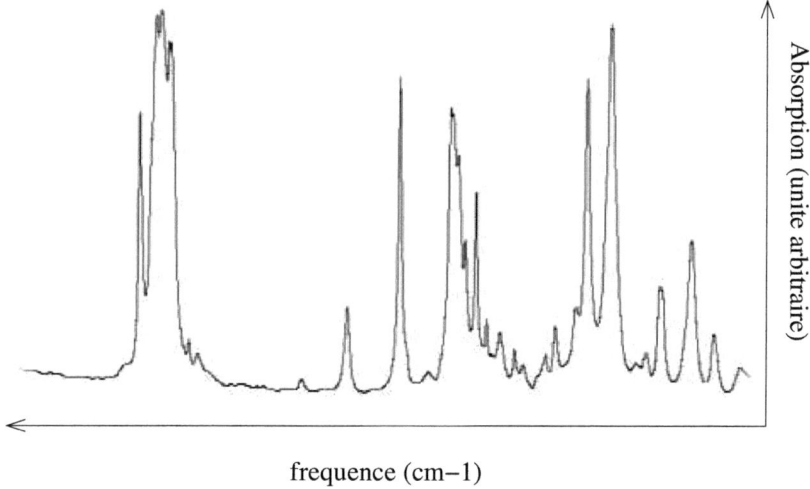

FIGURE 1.2 : Exemple de spectre experimental : héxène C_6H_{12}

masses plus lourdes ont une signature aux faibles nombres d'onde. Dans le cas de l'héxène, en allant des faibles longueurs d'ondes aux plus grandes (de droite à gauche), on observe d'abord les mouvements lents de déformation de la chaîne carbonée, puis ceux de rotation des groupes méthyles CH_3 et ensuite ceux des mouvements de "pliages" ou bends entre 3 atomes. Aux environs de 1200-1500 cm^{-1}, ce sont les élongations C-C qui apparaissent et finalement vers 3000 cm^{-1}, ce sont les stretchs des atomes légers C-H généralement intenses.

Comme on le voit sur cet exemple pourtant simple qui ne comprend que 18 atomes, une interprétation plus précise demande un effort non négligeable. En pratique on utilise des substitutions par des isotopes atomiques afin de caractériser des différences dans les spectres d'absorption et d'en déduire la participation des groupes fonctionnels modifiés. De plus des tables de référence ont été établies sur une moyenne de plusieurs composés, alors qu'il existe de grandes variations sur les positions et les largeurs des bandes comme nous le verrons par la suite. Elles sont dues à un environnement différent autour des groupes ou aux interactions avec le liquide si la molécule est hydratée. Les approches théoriques et analytiques sont importantes dans ce domaine, pour valider les conclusions et interpréter les expériences.

Comme exemple simple pour relier les notions d'énergie et de structure, prenons le cas d'un potentiel d'interaction d'une molécule diatomique (A-B). Sur la figure (1.3) l'abscisse représente la distance entre les atomes A et B. Le minimum énergétique correspond à la distance d'équilibre. Les vibrations de la liaison A-B peuvent être décrites en mécanique classique en termes d'oscillations autour de cette position. Les états du système sont continus et pendant la dynamique le système classique suit la courbe de potentiel. En mécanique quantique, seules certaines valeurs de l'énergie sont permises, elles sont représentées par les lignes horizontales.

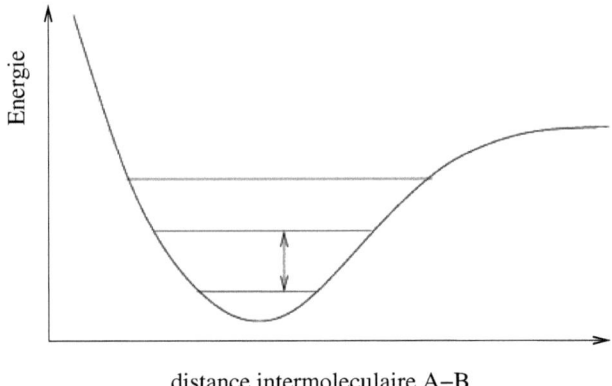

FIGURE 1.3 : Surface de potentiel d'une molécule diatomique A-B

Les noyaux possèdent un cortège d'électrons liés, ce qui leur confère des charges électroniques et crée au niveau moléculaire un moment dipolaire qui fluctue avec les vibrations atomiques. L'absorption dans l'infrarouge est reliée aux variations du dipôle $\mathbf{M}(t)$ par le couplage avec le champ électrique $\mathbf{E}(t)$ de l'onde incidente : $H_1 = -\mathbf{E}(t).\mathbf{M}(t)$. On peut étudier 2 phénomènes physiques. A température ambiante, la plupart des molécules sont dans leur état fondamental vibrationnel, au niveau le plus faible en énergie. L'absorption énergétique est liée aux fluctuations thermiques du dipôle, c'est une manifestation du théorème de fluctuation-dissipation. De plus, l'absorption d'un photon de lumière provoque également des transitions vibrationnelles qui excitent les mouvements atomiques. Pour cette raison on dit usuellement que la spectroscopie infrarouge est une sonde des mouvements de vibration des atomes. Cette absorption est régie par des règles de sélection, et seules celles qui sont permises donnent lieu à une signature spectrale ; certains mouvements atomiques ne modifient pas le dipôle et sont donc invisibles en spectroscopie infrarouge.

Pour les molécules polyatomiques, la surface d'énergie potentielle devient plus complexe. Pour la décrire on a besoin de $3n$ coordonnées cartésiennes, où n est le nombre d'atomes. Il est plus pratique, notamment pour l'interprétation, d'utiliser des coordonnées internes pour définir les configurations des systèmes moléculaires. 4 types de coordonnées schématisées sur la figure (1.4) sont couramment utilisés, définissant les mouvements entre atomes liés par des liaisons covalentes.

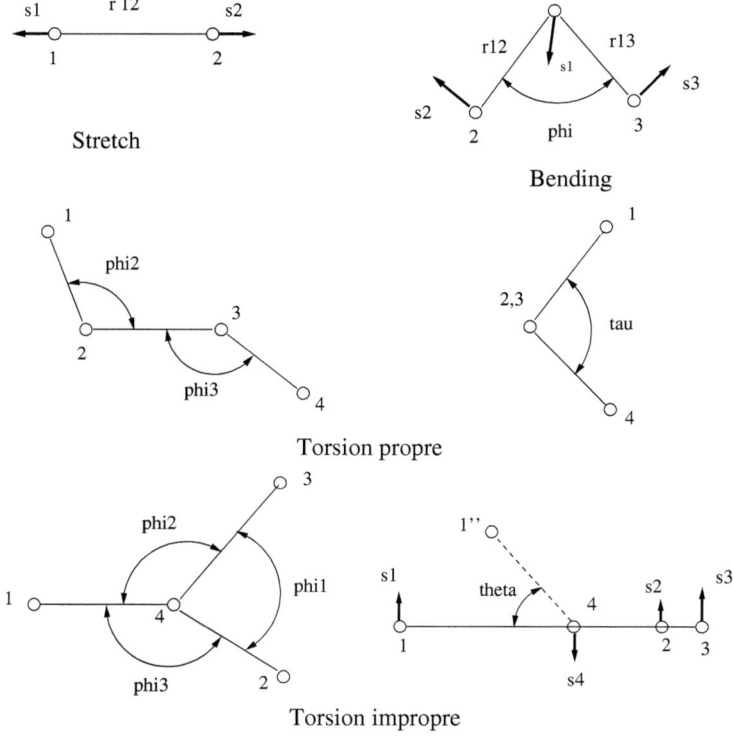

FIGURE 1.4 : Définition de 4 types de coordonnées internes

Dans notre étude nous utilisons :
— La coordonnée d'élongation ou stretch entre 2 atomes définie à partir de leur distance d'équilibre (r_{12}).

— La coordonnée d'angle ou bend entre 3 atomes définie par ϕ.
— La coordonnée de torsion propre définie par l'angle dièdre τ, lorsque 4 atomes forment une chaîne linéaire.
— La coordonnée de torsion impropre entre 4 atomes, caractérisée par l'angle entre un plan formé par 3 atomes et le 4eme atome lié à l'atome 2.

Dans cette étude nous souhaitons calculer et interpréter l'origine des bandes d'absorption dans l'infrarouge, et quantifier les mouvements atomiques associés en coordonnées internes.

Nous allons maintenant détailler les éléments utilisés pour calculer les spectres infrarouges par modélisation moléculaire. Tout d'abord nous allons démontrer l'expression classique de l'absorption infrarouge en utilisant la théorie de la réponse linéaire appliquée à l'interaction entre un champs électrique et le moment dipolaire. Les démonstrations sont inspirées du cour de Noëlle Pottier [18], et des livres de Kubo [19] et de McQuarrie [20]. Cette théorie, très générale, est applicable aux modèles classiques et quantiques. Elle permet de relier des quantités microscopiques aux grandeurs mésoscopiques et observables du système, comme le théorème de fluctuation-dissipation. Nous avons choisi un traitement classique et une démonstration inspirée par R.Vuilleumier. Moins générale que dans son cadre original, elle est tout de même suffisante pour obtenir l'expression correcte de l'absorption infrarouge utilisée en pratique dans les simulations.

1.1.1 Théorie de la réponse linéaire

Pour étudier les propriétés dynamiques d'un système physique on observe son comportement lorsqu'il est soumis à une perturbation extérieure. On mesure la réponse du système dans un état proche de l'équilibre. Si ce champ extérieur est faible, pour ne pas altérer la nature du système, on est dans le régime de la réponse linéaire. La nature de l'excitation peut être de toutes sortes : une force mécanique, un champ magnétique ou dans notre cas un champ électrique. Lorsque une force extérieure est appliquée l'évolution du système est mesurée via les fonctions de *réponse* ϕ, la réponse à une excitation harmonique est décrite par la *susceptibilité généralisée* χ, et la *relaxation* quand un champ imposé depuis longtemps est supprimé, et que le système revient dans son état d'équilibre. Dans le régime linéaire ces fonctions sont reliées entre elles et s'expriment en termes de fonctions de corrélation à l'équilibre thermodynamique.

Fonctions de réponse

Considérons un système physique à l'équilibre thermodynamique non perturbé et décrit par l'hamiltonien H_0. En appliquant un champ extérieur $a(t)$ couplé à une grandeur conjuguée

1.1. Généralités sur la spectroscopie infrarouge

A, une composante temporelle H_1 s'ajoute à l'hamiltonien du système, soit :

$$H_1(t) = -a(t)A \tag{1.1}$$

On souhaite déterminer la dynamique d'une autre observable du système B, affectée par la perturbation $a(t)$. Dans notre cas, on parle d'autocorrélation car le moment dipolaire est à la fois l'observable mesurée ($\mathbf{M} = B$) et celle qui intéragit avec le champ électrique ($\mathbf{E}(t) = \mathbf{E}_0\, e^{-i\omega t}$), qui joue le rôle de la perturbation. Le terme de couplage énergétique est $H_1 = -\mathbf{E}(t).\mathbf{M}(t)$. Dans la suite, les symboles en caractères gras seront utilisés pour signifier que les grandeurs sont vectorielles ou matricielles. Nous gardons d'abord des notations générales pour présenter la théorie et nous spécifierons ensuite le cas de l'absorption infrarouge.

Dans le formalisme de Liouville l'observable $B(\{x_i, p_i\})$ ne dépend que des variables de positions x_i et des quantités de mouvement généralisées p_i de l'espace des phases, l'ensemble des positions et des impulsions de toutes les particules constituants le système. La dépendance temporelle est alors décrite par la fonction de distribution $\rho(t; \{x_i(t), p_i(t)\})$. Par la loi de conservation de la "masse" dans l'espace des phases elle vérifie l'équation de Liouville :

$$\frac{d\rho(t; \{x_i(t), p_i(t)\})}{dt} = 0 \Leftrightarrow \frac{\partial \rho}{\partial t} = \sum_{i=1}^{3n} \frac{\partial H}{\partial p_i}\frac{\partial \rho}{\partial x_i} - \frac{\partial H}{\partial x_i}\frac{\partial \rho}{\partial p_i} \tag{1.2}$$

avec H est l'hamiltonien du système ($H_0 + H_1(t)$) et où on a utilisé les équations du mouvement de Hamilton : $\frac{\partial H}{\partial p_i} = \dot{x}_i$ et $\frac{\partial H}{\partial x_i} = -\dot{p}_i$.

La valeur de l'observable $B(t)$ se calcule à l'aide de la fonction de distribution comme :

$$< B(t) > = \int dx_i\, dp_i\; B(\{x_i, p_i\})\; \rho(t; \{x_i, p_i\}) \tag{1.3}$$

De manière similaire aux représentations de Schrödinger et Heisenberg dans la théorie quantique ou à celles d'Euler et Lagrange en mécanique des fluides, on peut déduire une expression équivalente, dans laquelle l'évolution temporelle est présente dans la définition de l'observable. L'expression (1.3) devient alors :

$$< B(t) > = \int dx_i(t)\, dp_i(t)\; B(\{x_i(t), p_i(t)\})\; \rho(0; \{x_i(t), p_i(t)\}) \tag{1.4}$$

Pour une densité fixée à un temps initial t_0, on suit l'évolution des éléments de volume (les particules) qui évoluent dans le temps.

On suppose par la suite que la grandeur B est de moyenne nulle à l'équilibre thermodynamique, ainsi : $< B(t) >_a = < B(t) >_0 + \delta < B(t) >_a = \delta < B(t) >_a$. La notation $< .. >_a$ signifie que l'on fait une moyenne d'ensemble, l'indice précise si la mesure est effectuée à l'équilibre ou avec la perturbation. On ne considère pas la dépendance spatiale dans les fonctions de réponse car les longueurs d'onde, de l'ordre du μm, sont bien plus grandes que la taille du système étudié. Dans la limite de la réponse linéaire ($a << 1$), la moyenne hors équilibre de B s'écrit :

$$< B(t) >_a = \int_{-\infty}^{t} \phi_{AB}(t-\tau)a(\tau)d\tau + O(a^2) \tag{1.5}$$

où ϕ_{AB} est la fonction de *réponse* linéaire. C'est une fonction causale, seules les forces appliquées avant t sont intégrées dans la réponse. De plus, le système non perturbé est à l'équilibre et est décrit par un hamiltonien indépendant du temps. La fonction ne dépend donc que de la différence $t - \tau$.[2]

Si on considère l'impulsion brève, décrite par une fonction $a\,\delta_t$, $\phi_{AB}(t)$ joue le rôle de fonction de Green retardée. L'équation (1.5) se réécrit :

$$< B(t) >_{a\,\delta_t} = a\phi_{AB}(t) \tag{1.6}$$

Dans les phénomènes d'absorption électromagnétique, l'excitation est un champ harmonique appliqué depuis un temps suffisamment long pour que la phase transitoire soit terminée. Pour un tel champ $a(t) = \Re(ae^{-i\omega t})$, où $\Re$ désigne la partie réelle. En appliquant la relation (1.5) et en effectuant le changement de variable $t - \tau = t'$, on obtient :

$$\begin{aligned} < B(t) >_a &= \Re\left(\int_{-\infty}^{t} \phi_{AB}(t-\tau)\,a\,e^{-i\omega\tau}d\tau\right) \\ &= a\,\Re\left(e^{-i\omega t}\int_{0}^{+\infty} \phi_{AB}(t')e^{i\omega t'}dt'\right) \\ &= a\,\Re\left(e^{-i\omega t}\,\chi_{AB}(\omega)\right) \end{aligned} \tag{1.7}$$

On appelle la fonction complexe $\chi(\omega)$ la susceptibilité. Lorsque l'intégrale ne converge pas au sens des fonctions, on peut définir la susceptibilité généralisée en tant que distribution. Cela se produit dans le cas où la fonction de réponse présente des singularités, mais cette précaution mathématique n'est pas nécessaire ici. Les parties réelles et imaginaires se notent :

$$\chi_{AB}(\omega) = \chi'_{AB}(\omega) + i\,\chi''_{AB}(\omega) \tag{1.8}$$

La réponse à un champ harmonique s'écrit donc :

$$< B(t) >_a = a\,(\,\chi'_{AB}(\omega)\,cos(\omega t) + \chi''_{AB}(\omega)\,sin(\omega t)\,) \tag{1.9}$$

Les fonctions $\chi'(\omega)$ et $\chi''(\omega)$ ne sont pas indépendantes. Les relations de Kramers-Kronig les relient par des relations intégrales, les transformées de Hilbert. La connaissance de l'une d'entre elle est suffisante pour définir la susceptibilité. C'est une conséquence directe de l'effet causal.

---

2. Cette propriété disparaît quand le système n'est pas à l'équilibre thermodynamique, ce sont les propiétés de vieillissement traduites par la dépendance aux 2 arguments $\phi_{AB}(t,\tau)$, dans les verres par exemple.

Dissipation d'énergie

La séparation en composante réelle et imaginaire de la susceptibilité est pertinente quand on calcule la puissance absorbée par le système. On considère ici que les observables A et B sont identiques. En utilisant l'hamiltonien (1.1), et les équations du mouvement d'Hamilton, la dissipation d'énergie se calcule comme :

$$\frac{dE}{dt} = a(t)\,\frac{d<A(t)>_a}{dt} \tag{1.10}$$

Lorsque que le champ extérieur est harmonique : $a(t) = a\,cos(\omega t)$, on obtient à l'aide de la relation (1.9) :

$$\frac{dE}{dt} = a^2\,cos(\omega t)\,(-\omega\,\chi'_{AA}(\omega)\,sin(\omega t) + \omega\,\chi''_{AA}(\omega)\,cos(\omega t)) \tag{1.11}$$

et en moyenne sur une période :

$$\frac{d\bar{E}}{dt} = \frac{a^2}{2}\,\omega\,\chi''_{AA}(\omega) \tag{1.12}$$

Le taux d'absorption d'énergie ne dépend que de la partie imaginaire de la susceptibilité. L'énergie fournie par le champ est dissipée dans le système de manière irréversible, c'est à dire transformée en chaleur. C'est cette grandeur que nous souhaitons calculer pour déterminer les spectres d'absorption infrarouge. C'est aussi la grandeur mesurée dans les expériences.

Calcul de la susceptibilité

Nous allons présenter un point important de la théorie de la réponse linéaire. Il s'agit de montrer que le calcul de la fonction de réponse, ou ce qui revient au même celui de la susceptibilité, est possible par l'étude d'un système à l'équilibre, sans présence de champ extérieur. Des démonstrations rigoureuses de ce théorème pour les cas classiques et quantiques sont données dans les ouvrages de mécanique statistique hors équilibre [19]. Nous présentons une démonstration classique qui ne donne que le premier ordre du développement.

Dans une première étape nous exprimerons la fonction de réponse $\phi(t)$ en fonction des grandeurs microscopiques du système. Considérons maintenant un système moléculaire à l'équilibre thermodynamique dans l'ensemble canonique. La perturbation est le champ électrique $\mathbf{E}(t)$ de l'onde incidente qui interagit avec le moment dipolaire total du système $\mathbf{M}(t)$. Avant l'application de la perturbation, la fonction de distribution suit la distribution canonique ρ_0 :

$$\rho_0(0^-;\{x_i,p_i\}) = Z_0^{-1}\,e^{-\beta V(\{x_i\})}\,\prod_i e^{-\beta \frac{p_i^2}{2m_i}} \tag{1.13}$$

où $\beta = 1/k_B T$ avec k_B la constante de Boltzmann et T la température. Le terme cinétique, $e^{-\beta \sum_i \frac{p_i^2}{2m}}$ peut se décomposer en un produit de termes indépendants, par contre le terme potentiel est une fonction couplée de l'ensemble des positions x_i. Z_0 est la fonction de partition, l'intégrale de la fonction de distribution sur l'ensemble des états possibles :

$$Z_0 = \int dp_i\, dx_i\, e^{-\beta V(\{x_i\})} \prod_i e^{-\beta \frac{p_i^2}{2m_i}} \tag{1.14}$$

A t=0 on applique une impulsion électrique qui induit une force *mécanique* ponctuelle [3] et ajoute un terme dépendant du temps à l'hamiltonien. Ce champ électrique $\mathbf{E}(t) = \mathbf{E}_0\, \delta_t$ interagit avec le moment dipolaire $\mathbf{M}(\{x_i\})$, l'hamiltonien du système devient :

$$H_1(t) = H_0 - \mathbf{E}(t).\mathbf{M} \tag{1.15}$$

Par rapport à la démonstration générale nous faisons ici l'approximation que l'observable $\mathbf{M}$ ne dépend que des positions, cela est vrai pour le cas particulier du moment dipolaire. La force subie par le système, à l'instant où le champ est appliqué, se calcule par la dérivée spatiale de l'énergie :

$$F_i(t) = \mathbf{E}(t).\frac{\partial \mathbf{M}}{\partial x_i} = \mathbf{E}_0.\frac{\partial \mathbf{M}}{\partial x_i}\delta_t \tag{1.16}$$

Cette force ponctuelle, de très courte durée, influe sur les impulsions mais les positions des particules ne sont pas encore affectées. En intégrant la force sur la période de $t = 0^-$ à 0^+, les quantités de mouvement sont instantanément modifiées d'une quantité :

$$p_i(0^+) = p_i(0^-) + \frac{\partial \mathbf{M}}{\partial x_i}.\mathbf{E}_0 \tag{1.17}$$

Seul le terme cinétique de la fonction de distribution est altéré. En se plaçant dans le cadre de la seconde moyenne d'ensemble (1.4), on peut relier la fonction de distribution après la perturbation à celle d'équilibre. Dans cette approche, la fonction de distribution à un instant 0^+ décrit le système dans l'état $\{(x_i, p_i)\}^+$, les éléments de volume ont évolué d'un temps initial 0^- jusqu'à leurs nouvelles valeurs à 0^+. Puisque les éléments de volume sont conservés, on a alors :

$$\int dx_i\, dp_i\, \rho(0^+; \{x_i, p_i\}) = \int dxi\, dp_i\, \rho(0^-; \{x_i, p_i\}) \tag{1.18}$$

Les impulsions qui interviennent dans la fonction de distribution à $t = 0^+$ sont bien celles

---

3. Les forces qui dérivent d'inhomogénéités de température ou de potentiel chimique ne peuvent pas être exprimées par un hamiltonien.

1.1. Généralités sur la spectroscopie infrarouge

présentes avant la perturbation, $p_i(0^-)$:

$$\begin{aligned}
\rho(0^+; \{x_i, p_i\}) &= Z_0^{-1} \, e^{-\beta V(\{x_i\})} \prod_i e^{-\frac{\beta}{2m_i}(p_i^2)} \\
&= Z_0^{-1} \, e^{-\beta V(\{x_i\})} \prod_i e^{-\frac{\beta}{2m_i}(p_i(0^-) - \frac{\partial \mathbf{M}}{\partial x_i} \cdot \mathbf{E}_0)^2} \\
&= \rho_0(0^-; \{x_i, p_i\}) \, e^{-\sum_i \frac{\beta}{2m_i}(-2p_i \frac{\partial \mathbf{M}}{\partial x_i} \cdot \mathbf{E}_0 + (\frac{\partial \mathbf{M}}{\partial x_i} \cdot \mathbf{E}_0)^2)} \\
&= \rho_0(0^-; \{x_i, p_i\}) \left[1 + \sum_i \frac{\beta p_i}{m_i} \frac{\partial \mathbf{M}}{\partial x_i} \cdot \mathbf{E}_0 - O(\frac{\partial \mathbf{M}}{\partial x_i} \cdot \mathbf{E}_0)^2 \right]
\end{aligned} \quad (1.19)$$

La fonction de partition est inchangée car l'intégrale de la fonction de distribution de densité est invariante dans le temps. Cela provient de la définition (1.2). En appliquant $p_i/m_i = \partial x_i/\partial t$ et la somme sur les x_i on obtient de la relation (1.19) :

$$\rho(0^+; \{x_i, p_i\}) = \rho(0^-; \{x_i, p_i\}) \left[1 + \beta \frac{\partial \mathbf{M}}{\partial t} \cdot \mathbf{E}_0 - O(\frac{\partial \mathbf{M}}{\partial t} \cdot \mathbf{E}_0)^2 \right]$$

On voit que l'approximation est un développement au premier ordre de la fonction de distribution et par définition de la moyenne (1.3) de toutes les observables. L'intensité du champ électrique $\mathbf{E}_0$ est le paramètre d'ordre dans ce développement.

Le système n'est plus perturbé après l'impulsion et n'est plus soumis qu'à l'hamiltonien H_0, il se relaxe. On utilise la seconde représentation de la moyenne (1.4) pour revenir à la fonction de distribution à l'instant $t = 0^+$:

$$\begin{aligned}
<B(t)>_a &= \int dx_i \, dp_i \, B(\{x_i, p_i\}) \, \rho(t; \{x_i, p_i\}) \\
<B(t)>_a &= \int dx_i \, dp_i \, B(x_i(t), p_i(t)) \, \rho(0^+; \{x_i, p_i\})
\end{aligned}$$

En utilisant la relation (1.19) et en soustrayant à nouveau la valeur moyenne de B à l'équilibre : $<B>_0 = \int \rho_0(0^-) \, B \, dx_i \, dp_i$, on obtient :

$$\begin{aligned}
<B(t)>_a &= \beta \int dx_i \, dp_i \, B(\{x_i(t), p_i(t)\}) \, \mathbf{E}_0 \cdot \frac{\partial \mathbf{M}}{\partial t} \, \rho(0^-; \{x_i, p_i\}) \\
<B(t)>_a &= \beta \, \mathbf{E}_0 \cdot <B(t) \, \dot{\mathbf{M}}(0)>_0
\end{aligned}$$

où $\dot{\mathbf{M}}$ est la dérivée temporelle du dipôle. La fonction de réponse est ainsi calculée comme une fonction de corrélation temporelle à l'équilibre thermodynamique, sans la perturbation. Dans l'approximation linéaire l'intensité de la perturbation $\mathbf{E}_0$ apparaît naturellement comme facteur multiplicatif. En identifiant avec l'expression (1.6), la fonction de réponse est déterminée par :

$$\phi_{MB}(t) = \beta <B(t) \, \dot{\mathbf{M}}(0)>_0 \quad \text{avec} \quad a(t) = \mathbf{E}_0 \delta(t)$$

On peut obtenir la susceptibilité par la relation (1.7), en prenant comme perturbation une onde monochromatique $\mathbf{E}(t) = \mathbf{E}_0\, e^{i\omega t}$, et en particularisant pour l'opérateur B la polarisation $\mathbf{P} = \frac{\mathbf{M}}{V}$, qui est la grandeur extensive du système associée au moment dipolaire. C'est une grandeur vectorielle, la fonction de corrélation entre les moments dipolaires, ainsi que la susceptibilité, sont alors des tenseurs dont les composantes sont données par :

$$(\chi_{MM})_{\alpha\beta}(\omega) = \frac{\beta}{V} \int_0^{+\infty} <\mathbf{M}_\alpha(t)\, \dot{\mathbf{M}}_\beta(0)> e^{i\omega t}\, dt$$

La symétrie des fonctions de corrélation annulent les termes hors-diagonaux du tenseur, et l'isotropie moyenne ($M_x^2 = M_y^2 = M_z^2 = 1/3\ \text{Trace}[\mathbf{M}_\alpha \mathbf{M}_\beta]$) permet de l'exprimer comme un produit scalaire :

$$\chi_{MM}(\omega) = \frac{\beta}{3V} \int_0^{+\infty} <\mathbf{M}(t).\dot{\mathbf{M}}(0)> e^{i\omega t} dt \qquad (1.20)$$

Sa partie imaginaire est donnée par :

$$\begin{aligned}
\chi''_{MM}(\omega) &= \frac{\beta}{2i\, 3V}\Big(\int_0^{+\infty} <\mathbf{M}(t).\dot{\mathbf{M}}(0)> e^{i\omega t}\, dt - \int_0^{+\infty} <\mathbf{M}(t).\dot{\mathbf{M}}(0)> e^{-i\omega t}\, dt\Big) \\
&= \frac{\beta}{6i\, V}\Big(\int_0^{+\infty} <\mathbf{M}(t).\dot{\mathbf{M}}(0)> e^{i\omega t}\, dt + \int_{-\infty}^{0} <\mathbf{M}(t).\dot{\mathbf{M}}(0)> e^{i\omega t}\, dt\Big) \\
&= \frac{\beta}{6iV} \int_{-\infty}^{+\infty} <\mathbf{M}(t).\dot{\mathbf{M}}(0)> e^{i\omega t}\, dt \\
&= -\frac{\beta}{6iV} \int_{-\infty}^{+\infty} <\dot{\mathbf{M}}(t).\mathbf{M}(0)> e^{i\omega t}\, dt \\
&= -\frac{\beta}{6iV} \int_{-\infty}^{+\infty} \frac{d}{dt} <\mathbf{M}(t).\mathbf{M}(0)> e^{i\omega t}\, dt \\
&= \frac{\beta\omega}{6V} \int_{-\infty}^{+\infty} <\mathbf{M}(t).\mathbf{M}(0)> e^{i\omega t}\, dt \qquad (1.21)
\end{aligned}$$

Pour déduire ces relations nous avons utilisé les propriétés des fonctions de corrélation à l'équilibre [4]

$$<\dot{\mathbf{M}}(0).\mathbf{M}(t)> = - <\mathbf{M}(0).\dot{\mathbf{M}}(t)> \qquad (1.22)$$

et en considérant que la fonction $f(t)$ s'annule en l'infini l'intégration par partie :

$$\int_{-\infty}^{+\infty} \frac{df(t)}{dt} e^{i\omega t}\, dt = -i\omega \int_{-\infty}^{+\infty} f(t) e^{i\omega t}\, dt$$

---

[4]. A l'équilibre on a $<\mathbf{M}(0)\mathbf{M}(t)> = <\mathbf{M}(\tau)\mathbf{M}(\tau+t)>$, en dérivant par rapport à τ on obtient : $<\dot{\mathbf{M}}(\tau)\mathbf{M}(\tau+t)> + <\mathbf{M}(\tau)\dot{\mathbf{M}}(\tau+t)> = 0 \Leftrightarrow <\dot{\mathbf{M}}(0)\mathbf{M}(t)> = -\mathbf{M}(0)\dot{\mathbf{M}}(t)>$

donne la relation (1.21). La fonction de corrélation $< \mathbf{M}(t).\mathbf{M}(0) >$ est paire, son intégrale est donc réelle. Le facteur ω rend la fonction $\chi''_{MM}(\omega)$ impaire. La forme généralement utilisée dans les applications est l'intégrale sur le demi-axe du temps :

$$\chi''_{MM}(\omega) = \frac{\beta\omega}{3V} \int_0^{+\infty} < \mathbf{M}(t).\mathbf{M}(0) > e^{i\omega t} dt \tag{1.23}$$

Expérimentalement la surface de l'échantillon exposée à l'onde incidente est large devant sa profondeur, et uniformément éclairée par l'onde électromagnétique incidente. Si on note F_E l'intensité du flux (une puissance par unité de surface) émis par la source et E_a la puissance absorbée (en unité de volume) par l'échantillon d'une profondeur l, le coefficient d'absorption linéique $\alpha(\omega)$ est le rapport de ces énergies $\alpha(\omega) = E_a/F_E$. Il s'exprime comme l'inverse d'une longueur. L'énergie apportée par l'onde incidente est la norme du vecteur de Poynting moyennée sur une période de l'onde : $F_E = \frac{E_0^2 c}{8\pi} n(\omega)$. L'énergie absorbée par le système est donnée par la relation de dissipation d'énergie (1.12) et reliée à la susceptibilité : $E_a = \dot{E} = \frac{a^2}{2}\omega\chi''_{AA}(\omega)$. Le coefficient d'absorption linéique se calcule donc comme :

$$n(\omega)\alpha(\omega) = \frac{4\pi\omega^2\beta}{3Vc} \int_0^{+\infty} < \mathbf{M}(0).\mathbf{M}(t) > e^{i\omega t} dt \tag{1.24}$$

En annexe (A.2) nous rappelons les équations de propagation d'une onde dans un milieu diélectrique. On trouve un résultat tout à fait similaire avec le coefficient d'absorption K, toutefois à partir des simulations nous ne pouvons évaluer que le produit de l'absorbance $\alpha(\omega)$ et de l'indice de réfraction $n(\omega)$. Pour l'eau liquide nous présenterons une comparaison entre l'expérience et le spectre modélisé.

Cette expression est exactement celle obtenue quand on considère l'expression quantique [20], corrigée par un facteur d'approximation harmonique (HA) qui prend en compte le fait que les fonctions de corrélation sont calculées classiquement [9]. Plusieurs facteurs de correction ont été discuté dans la littérature [21, 19], ils introduisent un facteur multiplicatif différent dans les calculs classiques. Dans l'article [8] M.P. Gaigeot et M.Sprik montrent que l'approximation harmonique de la forme $\beta\hbar\omega/(1-e^{-\beta\hbar\omega})$ fournit de meilleurs résultats sur les intensités. Cela a aussi été montré indépendamment par Iftimie et Tuckerman [22]. Dans le cadre de cette thèse, on considère uniquement ce facteur multiplicatif.

Nous avons donc à notre disposition une méthode de calcul puissante pour calculer des grandeurs hors équilibre, ou tout au moins proche de celle-ci, à l'aide d'une simulation moléculaire effectuée à l'équilibre, dans un ensemble thermodynamique standard. La précision des spectres d'absorption est directement reliée à la capacité à reproduire un moment dipolaire correct dans les modélisations.

1.2 Spectroscopie infrarouge et dynamique moléculaire classique

Lors de mon stage de DEA, nous avions calculé des spectres infrarouges à partir de trajectoires de dynamique moléculaire classique. Deux champs de forces développés pour les molécules biologiques avaient été comparés, Charmm22 [23] et Amber96 [24]. Ils utilisent un jeu de coordonnées internes identique à celui présenté dans la partie (1.1). Les potentiels analytiques associés aux stretchs, bends et torsions impropres ont des formes harmoniques :

$$V_{stetch} = K_r \, (r - r_0)^2 \qquad (1.25)$$

$$V_{bend} = K_\phi \, (\phi - \phi_0)^2 \qquad (1.26)$$

$$V_{tors.imp.} = K_\theta \, (\theta - \theta_0)^2 \qquad (1.27)$$

où K sont les constantes de force associées aux coordonnées, r_0, ϕ_0 et θ_0 leurs valeurs d'équilibre. Dans Charmm22 l'énergie potentielle associée aux torsions des angles dièdres a une forme sinusoïdale, avec une périodicité n adaptée à la géométrie. Par exemple, pour un groupe méthyle, les rotations de 0°, 120° et 240° sont identiques, leur expression générale est :

$$V_{diedre} = K_\tau \, cos(n\tau - \tau_0) \qquad (1.28)$$

où τ_0 est ici une valeur maximale de l'énergie potentielle. Les interactions coulombiennes (charge-charge), celles de répulsions (principe d'exclusion de Pauli) et de dispersion (interactions des dipôles induits) entre une paire d'atomes i et j non liés par liaisons covalentes sont ajoutées au potentiel total :

$$V_{coul} = \frac{q_i \, q_j}{r_{ij}} \qquad (1.29)$$

$$V_{L-J} = 4\epsilon \left[\left(\frac{\sigma}{r}\right)^{12} - \left(\frac{\sigma}{r}\right)^6 \right] \qquad (1.30)$$

avec le potentiel 12-6 de Lennard-Jones par exemple [5], où ϵ et σ sont des paramètres dépendants de la nature des atomes.

La dynamique moléculaire consiste à résoudre les équations du mouvement de Newton de la dynamique classique :

$$\sum \mathbf{F}_{ext} = m \, \mathbf{a} \qquad (1.31)$$

pour tous les atomes du systèmes. En dynamique moléculaire classique les forces sont calculées à l'aide des dérivées analytiques des potentiels. On peut ainsi étudier des systèmes constitués de plusieurs milliers d'atomes sur des échelles de temps de l'ordre quelques dizaines de nanosecondes.

---

5. C'est un potentiel historique. D'autres formes de potentiel peuvent être utilisées suivant la nature des systèmes, mais Charmm22 et Amber96 utilisent seulement ces formes.

1.2. Spectroscopie infrarouge et dynamique moléculaire classique

Nous avions effectué les simulations de l'uracile, une base des acides nucléiques, ainsi que de la molécule N-méthyl-acétamide (NMA) en phase gaseuse et aqueuse avec le programme ORAC [25]. Les spectres infrarouges ont été calculés à l'aide de la relation (1.24) et les moments dipolaires de la molécules évalués avec :

$$\mathbf{M}(t) = \sum_\alpha q_\alpha \mathbf{x}_\alpha(t) \quad (1.32)$$

où q_α est la charge partielle fixe portée par l'atome α et $\mathbf{x}_\alpha(t)$ sa position instantanée. Sur

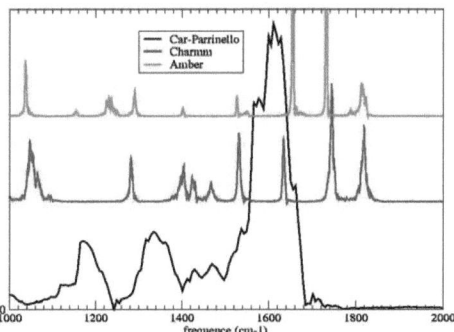

FIGURE 1.5 : Spectre infrarouge de l'uracile solvatée dans l'eau liquide, dynamique CP (noir) et classiques (Charmm22, Amber96)

la figure (1.5) on représente le spectre infrarouge de l'uracile calculé par dynamique classique (vert pour Amber96, rouge pour Charmm22) de la molécule hydratée et celle par dynamique Car-Parrinello (CP) (en noir) obtenue par M.P.Gaigeot et M.Sprik [8].

On voit non seulement que les deux champs de force donnent des résultats différents entre eux, mais aussi avec le calcul de référence *ab initio*. Globalement nous avions montré qu'aucun effet d'hydratation n'est présent dans les simulations classiques : les bandes ne subissent pas d'élargissement lorsque le soluté passe de la phase gazeuse à la phase liquide. Des conclusions identiques sont ressorties de l'analyse de NMA [5].

Ces champs de forces sont incapables de reproduire des spectres infrarouges en accord avec l'expérience Ils sont tout de même suffisants pour obtenir des grandeurs thermodynamiques [26] (chaleur spécifique, énergie libre...) ou structurales comme les distributions de fonctions radiales, les temps de présence des liaisons hydrogènes avec le solvant ou les conformations visitées. Globalement, on peut dire que les champs de forces classiques ne sont pas correctes puisque les positions des bandes ne sont pas compatibles avec les expériences et les charges partielles dont dépendent les intensités non plus. Il faut donc utiliser une représentation plus précise, quantique, pour reproduire les spectres infrarouges.

Nous devons ici préciser que des champs de force classiques ont été spécifiquement développés dans le but de reproduire les spectres vibrationnels. Cela demande le développement d'un champ de force contenant plus de paramètres que les champs de forces utilisés habituellement dans les biomolécules. A l'heure actuelle des développements ont été réalisé sur NMA par l'équipe de S.Krimm. A notre connaissance, ils ne sont pas allés plus loin.

1.3 Spectroscopie infrarouge et dynamique moléculaire quantique

La nature électronique du phénomène d'absorption infrarouge demande un modèle qui rende compte de manière satisfaisante des variations de charges et des polarisabilités atomiques associés aux mouvements des noyaux qui portent les électrons. La dynamique *ab initio* repose sur les équations de la dynamique quantique. En théorie, aucun paramètre autre que les constantes universelles n'est nécessaire. L'équation de Schrödinger dépendante du temps doit être résolue :

$$i\hbar \frac{\partial \Psi}{\partial t}(\mathbf{R}_\alpha, r_1, .., r_N) = H\ \psi(\mathbf{R}_\alpha, r_1, .., r_N) \tag{1.33}$$

où H est l'hamiltonien du système dépendant du temps, et Ψ la fonction d'onde totale du système qui dépend des noyaux atomiques $\mathbf{R}_\alpha$ et des électrons r_i.

On se place généralement dans l'approximation Born-Oppenheimer qui exploite la séparation des échelles de temps entre les mouvements rapides des électrons et ceux plus lents des noyaux dus à leurs masses plus importantes. La fonction d'onde du système peut alors être séparée en deux composantes :

$$\Psi(\mathbf{R}_\alpha, r_1, .., r_N) = \Psi_R(R_\alpha)\ \Psi_0(r_1, .., r_N; \mathbf{R}_I) \tag{1.34}$$

où Ψ_0 est l'état fondamental électronique, calculé pour une configuration fixe des ions. Cette factorisation présume que les électrons restent dans l'état fondamental et suivent adiabatiquement le mouvement des noyaux. $\Psi_0(r_1, .., r_N; \mathbf{R}_I)$ doit maintenant vérifier l'équation de Schrödinger *indépendante* du temps :

$$H\ \Psi_0(r_1, .., r_N; \mathbf{R}_\alpha) = E\ \psi_0(r_1, .., r_N; \mathbf{R}_\alpha) \tag{1.35}$$

Pour résoudre l'équation, il faut construire la matrice de l'hamiltonien H, puis la diagonaliser. Cela nécessite un coup numérique, en mémoire et en temps, qui croît très rapidement avec le nombre de particules. Les solutions analytiques n'existent que pour l'atome d'hydrogène, et les méthodes numériques (Hartree-Fock, Möller-Plesset, interaction de configuration, Coupled-Cluster..) ne permettent guère le traitement complet que de quelques atomes et généralement sur des configurations statiques.

La dynamique est possible dans ce cadre : à chaque nouvelle configuration des noyaux $\mathbf{R}_\alpha$, on résoud l'équation (1.35) pour connaître les fonctions d'onde électroniques et les forces qui s'exercent sur les noyaux. C'est une méthode encore coûteuse à cause de la diagonalisation de l'hamiltonien. Il est difficile de traiter un soluté immergé dans un solvant avec cette approche.

La dynamique Car-Parrinello, associée à la fonctionnelle de la densité (DFT) pour les calculs des structures électroniques est une alternative qui résoud en partie le problème de taille dans les domaines de la matière condensée. Elle rend possible des dynamiques moléculaires de plusieurs dizaines de picosecondes de systèmes constitués de quelques centaines d'atomes. Nous allons brièvement décrire la théorie de la DFT avant d'aborder son implémentation dans les dynamiques Car-Parrinello.

1.3.1 Théorie de la fonctionnelle de la densité (DFT)

Inspirée des travaux de Hohenberg, Kohn et Sham dans les années 60, la DFT permet un calcul de structure électronique efficace [27, 28], et moins coûteux que les méthodes standards. Le théorème fondateur de Hohenberg-Kohn [29] établit qu'il existe une bijection entre un potentiel extérieur $v(\mathbf{r})$ et la densité électronique dans l'état fondamental $n^0(\mathbf{r})$, qui est définie à partir de la fonction d'onde du système :

$$n^0(\mathbf{r}) = <\Psi^0(\mathbf{r})|\Psi^0(\mathbf{r})> \qquad (1.36)$$

Pour un potentiel donné $v(\mathbf{r})$ il existe une unique fonction $\Psi^0(\mathbf{r})$, qui donne lieu à cette densité $n^0(\mathbf{r})$. Le théorème montre que la réciproque est également vraie. La connaissance de la densité électronique donne ainsi accès à toutes les grandeurs observables du système, qui deviennent des fonctionnelles de la densité. Un des intérêts majeurs de la DFT sur toute autre méthode quantique est le gain associé à la représentation en densité. Pour un système composé de N électrons, la fonction d'onde $\Psi(\mathbf{r}_1, .., \mathbf{r}_N)$ comporte $3N$ composantes associées aux N électrons, alors que la densité est une fonction seulement de la position $\mathbf{r}$ dans l'espace (3 composantes).

Dans la méthode Kohn-Sham on considère un système équivalent d'électrons *indépendants*, qui possède la même densité que le système de référence. L'état fondamental Ψ_0 du système d'électrons interagissant est obtenu par la minimisation de l'énergie de Kohn-Sham $E^{KS}[\{\phi_i\}]$:

$$\min_{\Psi_0} <\psi_0|H|\psi_0> \ = \ \min_{\{\phi_i\}} E^{KS}[\{\phi_i\}] \quad (1.37)$$

sur un ensemble de fonctions auxiliaires, les orbitales de Kohn-Sham qui dépendent chacune d'un électron. L'énergie est exprimée à l'aide d'une fonctionnelle universelle de la densité $n(\mathbf{r}) = \sum_i \phi_i^2$:

$$E^{KS}[n(\mathbf{r})] \ = \ T_s[n(\mathbf{r})] + \int d\mathbf{r}\, V_{ext}(\mathbf{r})\, n(\mathbf{r}) \quad (1.38)$$

$$+ \ \frac{1}{2} \int d\mathbf{r}\, V_H(\mathbf{r})\, n(\mathbf{r}) + E_{xc}[n] + E_{ions}(\mathbf{R}^N) \quad (1.39)$$

La minimisation de (1.37) est grandement simplifiée : au lieu de devoir considérer toutes les fonctions d'ondes possibles, dépendantes de tous les électrons du système, elle est restreinte à un jeu de fonctions $\{\phi_i\}$ qui ne dépendent chacune que d'une particule.

Le premier terme T_s est l'énergie cinétique du système équivalent d'électrons indépendants qui approxime celle du système réel. Le second est l'énergie d'interaction de la densité électronique $n(\mathbf{r})$ avec un champ extérieur, celui dû aux ions généralement, mais ce peut être aussi un champ électrique ou magnétique. Le suivant est l'énergie électrostatique, l'interaction de la densité électronique dans le potentiel de Hartree :

$$V_H(\mathbf{r}) = \int d\mathbf{r}' \frac{n(\mathbf{r})}{|\mathbf{r} - \mathbf{r}'|}$$

lui-même relié à la densité électronique par l'équation de Poisson :

$$\nabla^2 V_H(\mathbf{r}) = -4\pi\, n(\mathbf{r})$$

E_{ions} est l'énergie d'interaction entre les noyaux de charges Z_i :

$$E_{ions} = \frac{1}{2} \sum_{ij, i \neq j} \frac{Z_i Z_j}{R_{ij}}$$

Ce terme est indépendant de la densité électronique, il est considéré constant lors de la minimisation (1.37) puisque la configuration des noyaux est fixe.

La formulation du problème est exacte, mais bien que le théorème de Kohn-Sham montre l'existence du terme d'échange et corrélation $E_{xc}[n]$, celui-ci n'est pas connu. Il doit être approximé pour effectuer les appliccations numériques.

Pour obtenir l'état fondamental on doit minimiser l'énergie totale (1.37). Le problème est équivalent à résoudre un système d'équations à une particule soumise au potentiel extérieur crée

1.3. Spectroscopie infrarouge et dynamique moléculaire quantique

par l'ensemble des charges du système [30]. Il est généralement résolu de manière self-consistente [31], jusqu'à ce que l'on obtienne une convergence du potentiel et de la densité.

Dans la méthode Car-Parrinello on développe les fonctions de Kohn-Sham, ainsi que la densité électronique en ondes planes. Ce choix est préférable car il est particulièrement efficace pour le calcul des transformées de Fourier utilisées pour évaluer certains termes énergétiques dans l'espace réciproque. Par contre il deviendrait très coûteux de considérer tous les électrons, particulièrement ceux du coeur des atomes. Ces électrons ne participent pas aux liaisons chimiques et aux processus de réactivité. Ils sont tout de même pris en compte dans un pseudo-potentiel, mais seuls les électrons de valence sont explicitement considérés dans les calculs de DFT[6],

Les simulations sont réalisées dans l'état fondamental électronique. Les énergies de la gamme infrarouge sont plus faibles que celles des transitions électroniques; cette limitation est donc tout à fait justifiable tant que nous nous intéressons à la spectrospie IR à un photon et que les dynamiques sont effectuées à température ambiante. Nous n'aurions par contre aucune possibilité de prédire un spectre d'absorption électronique dans le domaine des rayons X avec cette approximation. Il faudrait alors appliquer des méthodes telles que la TDDFT (DFT dépendante du temps) [32], ou des méthodes qui traitent les états électroniques excités, voire à reconsidérer l'approximation Born-Oppenheimer.

1.3.2 Méthode Car-Parrinello

L'approximation Born-Oppenheimer qui date des années 30 a inspiré des travaux plus récents en simulation numérique. Le maintenant célèbre article de R.Car et M.Parrinello [33] est paru en 1985. Dans cet article ils proposèrent d'exprimer le Lagrangien du système dynamique (énergie cinétique - énergie potentielle) sous la forme :

$$\mathcal{L}_{CP}[\mathbf{R}^N, \dot{\mathbf{R}}^N, \phi_i, \dot{\phi}_i] = \sum_I \frac{1}{2} M_I \dot{\mathbf{R}}_I^2 + \sum_i \frac{1}{2} \mu <\dot{\phi}_i|\dot{\phi}_i>^2 - E^{KS}[\phi_i, \mathbf{R}^N] \qquad (1.40)$$

Dans cette expression M_I est la masse atomique des noyaux qui intervient dans l'énergie cinétique et la température "physique" du système ($\sum_I 1/2 M_I \dot{\mathbf{R}}_I^2 = (3n-6) k_B T/2$). Le dernier terme est l'énergie potentielle du système, calculée à partir de l'énergie de Kohn-Sham. L'originalité de la démarche a été d'associer une masse fictive μ, et un terme d'énergie cinétique aux

---

6. Les charges atomiques Z_I de l'expression (1.3.1) ne sont donc pas celles des ions, mais prennent en compte l'effet d'écrantage qui provient du pseudo-potentiel.

orbitales électroniques de Kohn-Sham. Du Lagrangien on déduit les équations du mouvements :

$$M_I \ddot{\mathbf{R}}_I(t) = -\frac{\partial E^{KS}}{\partial R_I} + \sum_{ij} \Lambda_{ij} \frac{\partial}{\partial \mathbf{R}_I} <\phi_i|\phi_j> \qquad (1.41)$$

$$\mu \ddot{\phi}_i(t) = -\frac{\delta E^{KS}}{\delta <\phi_i|} + \sum_j \Lambda_{ij} |\phi_i> \qquad (1.42)$$

On obtient ainsi des équations couplées entre les mouvements ioniques et ceux des orbitales électroniques ϕ_i. Pour réaliser une dynamique, les orbitales de la surface Born-Oppenheimer sont préalablement déterminées par un calcul de structure électronique. Ensuite les équations du mouvement sont intégrées par un algorithme standard de type Verlet [34], avec les forces s'appliquant sur les ions et les orbitales, évaluées par les interactions électroniques à partir de l'énergie de Kohn-Sham E^{KS}. Les positions des noyaux et les orbitales électroniques évoluent suivant les lois classiques du mouvement de Newton. Le problème initial quantique a été transformé en un système purement classique dans lequel la dépendance en temps du système quantique a disparu.

L'astuce des simulations Car-Parrinello réside dans l'introduction d'une inertie par la masse fictive μ pour les électrons. On parle d' "électrons froids" lorsque cette énergie cinétique est faible, les orbitales électroniques restent alors proches de la surface d'énergie Born-Oppenheimer. Dans la limite où la masse fictive $\mu \to 0$, la dynamique se déroulerait exactement sur cette surface. En pratique certaines précautions doivent être prises sur le choix de la masse fictive. Ce paramètre dépend du système considéré, principalement des masses atomiques et de la température. On doit surtout s'assurer qu'il n'y ait pas d'échange d'énergie important entre le système électronique et atomique.

1.3.3 Moment dipolaire électronique

La quantité essentielle pour les calculs de spectres infrarouges est le moment dipolaire $\mathbf{M}$ du système. Classiquement il est calculé comme une somme sur les charges atomiques q_α, considérées ponctuelles et positionnées en $\mathbf{r}_\alpha$ [7] :

$$\mathbf{M} = \sum_\alpha q_\alpha \, \mathbf{r}_\alpha \qquad (1.43)$$

L'analogie au niveau de la théorie quantique fait appel à l'observable de la position $<\hat{R}>$. Dans la représentation de Schrödinger, pour les systèmes de taille finie dont les états propres sont liés ($E < 0$), les fonctions d'onde sont carré intégrables. Dans ce cas on peut définir

---
7. Généralement c'est la position des atomes, mais pas nécessairement.

1.3. Spectroscopie infrarouge et dynamique moléculaire quantique

l'opérateur position $\hat{R} = \sum^N \hat{r}_i$, et calculer sa valeur moyenne comme l'intégrale sur le volume V du système :

$$< \hat{R} > = < \Psi|\hat{R}|\Psi > = \int_V \mathbf{r}\, n(\mathbf{r})\, d\mathbf{r} \quad (1.44)$$

Dans le domaine de la matière condensée on considère généralement des systèmes avec des conditions aux bords périodiques (PBC), ce qui permet de simuler un milieu infini avec un faible nombre d'atomes. La fonction d'onde doit vérifier cette condition pour chaque variable $\Psi(x_0,..,x_i,..,x_N) = \Psi(x_0,..,x_i + L,..,x_N)$. Toutefois la multiplication par l'opérateur de position, n'est pas valide car $\mathbf{r}\Psi(\mathbf{r})$ n'est pas périodique ; $\hat{R}$ ne commute pas avec les opérateurs de translation et de rotation. L'opérateur de position est donc mal défini avec ces conditions. L'existence d'une polarisation macroscopique absolue dans un solide a été longuement débattue, ce problème a été résolu par Resta [35, 36] et Vanderbilt [37] pour le cas crystallin au début des années 90. La polarisation est la manifestation de la phase de Berry [38, 39]. C'est une observable qui ne peut pas être calculée comme la valeur moyenne d'un opérateur à un corps. Quelques années plus tard [40] une solution plus fondamentale et générale a été développée, elle s'applique à des systèmes électroniques corrélés ou indépendants :

$$< \hat{R} > = \lim_{L \to +\infty} \frac{L}{2\pi} \operatorname{Im} ln < \Psi|e^{i\frac{2\pi}{L}\hat{X}}|\Psi > \quad (1.45)$$

où Im est la partie imaginaire du logarithme. L'opérateur utilisé est un opérateur à N-corps. Contrairement à l'expression précédente où il est défini comme une somme d'opérateurs identiques qui agissent indépendamment sur chaque coordonnée électronique, la valeur moyenne de $e^{i\frac{2\pi}{L}}$ nécessite la connaissance explicite de la fonction d'onde à N-électrons. On remarque de plus que $< \hat{R} >$ est seulement défini modulo L, conséquence des conditions PBC. On montre alors que la polarisation électronique s'exprime comme [40] :

$$\mathbf{P}_{el} = -\frac{e}{2\pi} \lim_{L \to +\infty} \operatorname{Im} ln \prod_{s=0}^{M-1} det\, S(q_s, q_{s+1}) \quad (1.46)$$

où la matrice S est définie à partir des fonctions de Bloch ψ par :

$$S_{m,m'}(q_s, q_{s+1}) = \int_0^L dx\, \psi^*_{q_s,m}(x)\, e^{-i\frac{2\pi}{L}x}\, \psi_{q_{s+1},m'}(x)$$

et $q_s = \frac{2\pi}{Ma}s$, $s = 0,..,M-1$ sont les vecteurs réciproques de la cellule. C'est l'équation générale dans le cas d'un réseau de dimension constante a, auquel on impose des conditions périodiques sur M cellules. Cela correspond à une longueur du sytème égale à $L = Ma$. La phase liquide, désordonnée, ne possède aucune symétrie, mais les conditions aux bords périodiques en imposent. Pour ces systèmes on utilise donc de grandes cellules pour ne pas introduire de biais dans la simulation, ce qui conduit à une zone de Brillouin étroite et une dispersion faible. Seul le centre de la zone est pris en compte, ce qui réduit le produit au seul terme $M = 1$ et donc $L = a$.

1.3.4 Orbitales de Wannier

La section précédente présentait une méthode rigoureuse pour déterminer le dipôle électronique d'un système moléculaire. Lorsque l'on étudie un soluté immergé dans un solvant, ce dipôle est principalement celui du solvant alors que c'est celui du soluté qui nous intéresse. Dans les expériences de spectroscopie infrarouge, le problème est identique : il est résolu en soustrayant au spectre total celui d'un échantillon de solvant pur. Mais dans les simulations on ne peut pas appliquer ce principe, car cela demanderait des dynamiques trop longues pour obtenir une statistique suffisante.

Pour résoudre cette difficulté, on utilise une localisation de la densité électronique, afin de séparer les contributions du soluté et du solvant au dipôle total. Pour cela on utilise les fonctions de Wannier définies comme une transformation unitaire des orbitales de Bloch [41]. Elles localisent les orbitales dans une cellule, mais par contre cette transformation n'est pas unique. Marzari et Vanderbilt [42] ont proposé de rajouter à cette définition une restriction sur l'étalement spatial des N orbitales moléculaires. Cette contrainte est équivalente à la minimisation de S :

$$S = \sum_{n=1}^{N} \left(<w_n|r^2|w_n> - <w_n|r|w_n>^2 \right) \tag{1.47}$$

où w_n sont les orbitales de Wannier recherchées. Avec les conditions aux bords périodiques le problème est équivalent à maximiser la fonctionnelle :

$$\Omega = \sum_{n=1}^{N} \left(|X_{nn}|^2 + |Y_{nn}|^2 + |Z_{nn}|^2 \right)$$

avec $X_{nn} = <w_n|e^{-i(2\pi/L)x}|w_n>$. La position d'une orbitale n est donnée par :

$$x_n = \frac{L}{2\pi} \operatorname{Im} ln <w_n|e^{-i(2\pi/L)x}|w_n> \tag{1.48}$$

Elle indique la localisation d'une charge électronique. Dans le code Car-Parrinello (CPMD), le calcul du moment dipolaire (1.46) et des fonctions de Wannier se font pendant la dynamique, *on the fly*. Le dipôle total du soluté est alors calculé comme la somme des contributions ioniques et électroniques, par analogie avec une représentation classique :

$$\mathbf{P} = \mathbf{P}_{el} + \mathbf{P}_{ion} = \sum_{cw} q_{cw} r_{cw} + \sum_{\alpha} q_{\alpha} r_{\alpha} \tag{1.49}$$

où r_{cw} et q_{cw} sont respectivement les positions et les charges des centres de Wannier, q_{α} et r_{α} sont celles des ions. Les centres de Wannier sont représentés pour une configuration du formaldéhyde sur la figure (1.6). C'est aussi un outil d'analyse qui renseigne sur la nature des

1.3. Spectroscopie infrarouge et dynamique moléculaire quantique

FIGURE 1.6 : Formaldéhyde (H_2CO) et centres de Wannier (sphères bleues)

liaisons chimiques : les liaisons covalentes simples C-H correspondent à un centre de Wannier, la liaison C=O et les paires libres d'électrons de l'atome d'oxygène montrent 2 centres de Wannier. Il y a autant d'orbitales de Wannier que d'électrons. Si les couches électroniques sont remplies, chaque orbitale représente un doublet de spin et la charge associée q_{cw} vaut $-2e^-$, sinon chaque électron est traité séparément et la charge associée à chaque centre de Wannier est $-1e^-$.

L'implémentation de ces ces méthodes et leurs applications à la spectroscopie infrarouge par la dynamique moléculaire Car-Parrinello est assez récente. En 1997, Silvestrelli et Parrinello les ont testé pour l'eau liquide et la glace [6, 7, 43, 44]. Les spectres IR simulés sont alors en très bons accords avec l'expérience, ils reproduisent bien leurs variations en fonction de la température et de la pression. Cela montre l'efficacité de la méthode et son avantage par rapport à la DM classique, où les champs de force et des constantes supplémentaires comme la polarisation sont paramétrés pour reproduire les spectres [45, 46]. Les travaux de M. Sprik, M.P. Gaigeot et R.Vuilleumier [8, 47, 9] démontrent que la méthode est applicable à un soluté immergé dans l'eau liquide. C.Marinica et M.P.Gaigeot [48] ont également montré que cette méthode est applicable à des solutés (dialanine protonée) en phase gazeuse présentant une forte dynamique configurationnelle.

Comme illustration, nous reprenons les calculs Car-Parrinello de M.P.Gaigeot et al. [9] sur la molécule de N-Méthyl-acétamide (NMA) solvatée dans l'eau liquide. Sur la figure (1.7) le spectre expérimental et celui calculé avec l'expression (1.24) sont comparés. La dynamique Car-Parrinello est d'une durée de 7 ps, à une température moyenne de 300 Kelvin dans l'ensemble microcanonique NVE. Le solvant est composé de 50 molécules d'eau avec une densité standart de 1 g/cm^3. Soluté et solvant sont traités au même niveau de représentation quantique. Le dipôle du soluté est calculé par les orbitales de Wannier (1.49).

On obtient un bon accord sur la gamme de fréquence qui est représentée, de 1100 à 1700 cm^{-1}. On reproduit particulièrement bien les largeurs des bandes qui sont dues en partie à la température mais aussi à l'anharmonicité des modes de vibrations à 300 K et à celle

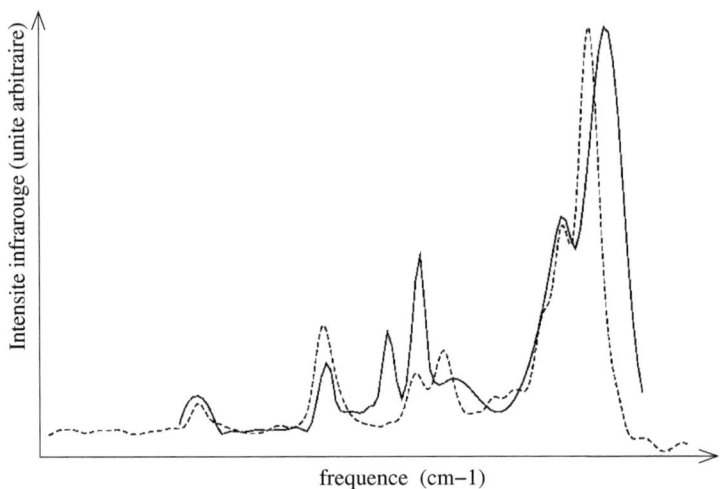

FIGURE 1.7 : Spectre infrarouge de NMA dans le domaine de 1100 à 1700 cm^{-1}

des liaisons hydrogènes avec le solvant. Le rapport des intensités est aussi très bien reproduit pour les modes Amides (bandes vers 1600 et 1250 cm^{-1}). Les bandes liées aux mouvements des groupes méthyles sont décalées vers le bleu et d'intensités sous-estimées. Ceci est dû à l'utilisation de la fonctionnelle BLYP [49] utilisée, pour une discussion détaillée voir l'article [9].

La dynamique Car-Parrinello est donc une méthode adaptée au calcul des spectres infrarouges. Un traitement quantique des électrons de valence s'avère nécessaire pour obtenir une description correcte des dipôles et des anharmonicité présentes en milieu condensé. La méthode CP décrit correctement les modes de vibration. Nous l'avons choisi comme référence pour valider la méthode d'analyse vibrationnelle que nous présentons. Elle a été choisie pour extraire des informations supplémentaires sur ces modes, sur leurs natures et leurs évolutions entre les phases gaseuses et aqueuses.

Chapitre 2

Analyse vibrationnelle

Analyse vibrationnelle

Dans ce chapitre, nous allons présenter les principales méthodes utilisées pour analyser les modes de vibrations moléculaires. Elles permettent de calculer les fréquences de vibration, ainsi que les mouvements atomiques correspondants, à partir de la configuration d'équilibre du système ou d'une dynamique moléculaire. Tout d'abord, nous présentons formellement les notions de modes propres et leurs relations à la spectroscopie vibrationnelle, définis originellement pour des systèmes harmoniques, ou dans la limite d'une température nulle. Nous faisons ensuite une revue des méthodes qui étendent les définitions quand on s'écarte de ces approximations, lorsque que la température est finie et que les interactions anharmoniques intramoléculaires ou avec l'environnement sont fortes. Leurs applications et leurs limitations seront finalement discutées avant de présenter la généralisation que nous proposons dans les prochains chapitres.

2.1 Systèmes polyatomiques harmoniques, analyse en modes normaux (NMA)

Les études en chimie théorique des modes de vibration des systèmes moléculaires ont été initiées par Wilson et Decius [50]. Nous nous inspirons largement de leur livre pour introduire la méthode dénommée analyse en modes normaux (NMA). Cette approche est exacte pour des systèmes harmoniques et dans la limite des faibles déplacements, c'est à dire proche de la géométrie d'équilibre.

Rappelons les expressions de la mécanique classique de l'énergie totale d'une molécule composée de n atomes, exprimées dans un référentiel cartésien. L'énergie cinétique T fait intervenir la matrice diagonale des masses atomiques $\mathbf{M}$ et les vitesses des atomes $\dot{\mathbf{x}}$. En notation matricielle elle s'exprime comme :

$$T = \frac{1}{2}\dot{\mathbf{x}}^T \mathbf{M} \dot{\mathbf{x}} \tag{2.1}$$

La matrice des masses est diagonale et le problème est généralement traité dans le système de coordonnées réduites, dans lequel les positions sont multipliées par la racine carré des masses :

$x_i^{mw} = \sqrt{m_i}\, x_i$. Cette convention n'a pour but que de simplifier les expressions, comme nous le verrons ensuite l'analyse peut être faite dans de nombreux autres jeux de coordonnées. Mais dans ce cas la matrice des masses qui intervient dans l'énergie cinétique devient unitaire : $T = 1/2\, (\dot{\mathbf{x}}^{mw})^T\, \dot{\mathbf{x}}^{mw}$.

L'énergie potentielle V est calculée à partir des dérivées spatiales de l'énergie totale E. Comme on suppose que la molécule est dans sa configuration d'équilibre, les dérivées premières de l'énergie, les forces qui s'exercent sur les atomes, sont nulles. Par analogie avec le schéma (1.3) qui représentait la surface d'énergie potentielle d'une liaison entre deux atomes, on étend cette surface à un système polyatomique maintenant défini dans un espace de dimension $3n$. En considérant de plus que les potentiels d'interaction entre tous les atomes sont parfaitement harmoniques, l'énergie potentielle s'écrit :

$$V = E_0 + \frac{1}{2}\, \mathbf{x}^T\, \mathbf{K}\, \mathbf{x} \qquad (2.2)$$

$\mathbf{K}$ est appelé le hessien du système et ses éléments de matrice sont $K_{ij} = \partial^2 E/\partial x_i \partial x_j$. Le terme constant E_0 est choisi arbitrairement nul sans pertes de généralité. En coordonnées réduites l'énergie potentielle devient :

$$V = \frac{1}{2}\, \mathbf{x}^{mwT}\, \mathbf{K}'\, \mathbf{x}^{mw} \text{ avec } K'_{ij} = K_{ij}/\sqrt{m_i}\sqrt{m_j}$$

Le Lagrangien du système s'exprime comme $L = T - V$:

$$L = \sum_{i=1}^{3n} \frac{\dot{x}_i^{mw}\, \dot{x}_j^{mw}}{2} - \sum_{i,j} \frac{x_i\, K'_{ij}\, x_j}{2}$$

et permet de déterminer les équations du mouvement pour chacune des $3n$ variables x_i^{mw} :

$$\ddot{x}_i^{mw} = -\sum_j K'_{ij}\, x_j^{mw} \qquad (2.3)$$

C'est un système de $3n$ équations couplées par la matrice du hessien $\mathbf{K}'$. En insérant dans (2.3) une solution de la forme :

$$x_i^{mw} = A_i\, cos(\sqrt{\lambda} t + \phi) \qquad (2.4)$$

où A_i, λ et ϕ sont des constantes, le système devient :

$$\sum_j^{3n} \left(K'_{ij} - \delta_{ij} \lambda \right) A_j = 0 \qquad (2.5)$$

Seules certaines valeurs de λ permettent d'obtenir une solution non triviale de l'équation (2.5), où tous les A_i ne sont pas nuls. Ces valeurs particulières satisfont le déterminant, appelé également équation séculaire :

$$|\mathbf{K}' - \lambda \mathbf{I}| = 0 \qquad (2.6)$$

2.1. Systèmes polyatomiques harmoniques, analyse en modes normaux (NMA)

Les solutions λ_k sont toutes positives ou nulles tant que la matrice du hessien est définie positive, ce qui est strictement vérifié pour une géométrie d'équilibre. La résolution du système d'équations (2.6) donne 6 valeurs propres nulles qui correspondent aux mouvements d'ensemble de la molécule : 3 translations et 3 rotations. Les $3n$-6 autres correspondent à des mouvement de vibration purs [1]. On peut alors déterminer les coefficients A_{ik}, pour chacun des modes k vérifiant l'équation séculaire en insérant une des valeurs paticulières λ_k dans l'équation (2.5). Ils ne sont pas déterminés de manière unique, seul leur rapport est déduit. La solution généralement choisie est imposée par la normalisation : $\sum_i A_{ik}^2 = 1 \ \forall k$.

2.1.1 Modes normaux

Au regard de l'équation (2.4), les mouvements atomiques sont des oscillations à des fréquences parfaitement déterminées par la valeur de λ_k. L'amplitude du déplacement de l'atome i est donnée par la valeur de la constante associée A_{ik}. Pour un mode k donné les atomes sont en phase, ils atteignent leurs positions d'équilibre et maximales au même instant. Un tel mode de vibration est appelé un mode normal de vibration. Comme les équations (2.3) sont des équations différentielles linéaires, la somme de solutions du type (2.4) est aussi une solution. La forme la plus générale employée est :

$$x_i^{mw} = \sum_{k=1}^{3n} A_{ik} \ C_k \ cos(\sqrt{\lambda_k}t + \phi_k) \qquad (2.7)$$

où C_k et ϕ_k sont $6n$ constantes, dépendantes des conditions initiales.

On peut représenter schématiquement un mode k en coordonnées réduites, en traçant directement les coefficients $\Delta x_i^{mw} = A_{ik}$.

fig h2o,on $A_i k/mi$

En revenant aux coordonnées cartésiennes, $\Delta x_i^k = A_{ik}/\sqrt{m_i}$, on modifie la normalisation des modes, mais pas leurs fréquences.

2.1.2 Coordonnées normales

On associe des coordonnées à chacun des modes de vibration. Ce sont les coordonnées normales q définies comme une transformation linéaire des coordonnées réduites [2] :

$$q_k = Z_{ki}^{-1} \ x_i^{mw} \qquad (2.8)$$

---
[1]. Pour avoir une complète séparation des mouvements de translation et de vibration, le hessien doit être calculé et diagonalisé dans un repère particulier, lié à la molécule et défini par Eckart. Nous discuterons précisément ce point dans le prochain chapitre.

[2]. On utilisera régulièrement la notation d'Einstein par la suite, soit $q_k = Z_{ki}^{-1} x_i = \sum^i Z_{ki}^{-1} x_i$.

et tel que dans ce jeu de coordonnées les énergies cinétiques et potentielles soient découplées, soit :

$$2T = \sum_k \dot{q}_k^2 \quad \text{et} \quad 2V = \sum_k \lambda'_k q_k^2 \qquad (2.9)$$

Cette transformation linéaire est inversible, les déplacements en coordonnées réduites sont donnés par :

$$x_i^{mw} = Z_{ik} \, q_k \qquad (2.10)$$

A partir des expressions des énergies (2.9), les solutions des équations du mouvement en coordonnées normales sont :

$$q_k = C'_k \, cos(\sqrt{\lambda'_k} t + \epsilon'_k) \qquad (2.11)$$

ou en termes des coordonnées réduites, par (2.10) :

$$x_i^{mw} = Z_{ik} \, C'_k \, cos(\sqrt{\lambda'_k} t + \epsilon'_k)$$

En comparant avec la solution générale (2.7), on identifie :

$$Z_{ik} = A_{ik} \quad \text{et} \quad \lambda'_k = \lambda_k$$

Des définitions de l'énergie cinétique en coordonnées réduites et normales (2.9), on doit vérifier que :

$$\sum_i \dot{x}_i^{mw^2} = \sum_{i,l,m} Z_{il} \, Z_{im} \, \dot{q}_l \, \dot{q}_m = \sum_k \dot{q}_k^2 \qquad (2.12)$$

Cela revient donc à imposer une contrainte de normalisation :

$$\sum_i Z_{ik} \, Z_{il} = \delta_{kl} \quad \text{ou en notation matricielle} \quad \mathbf{Z}^T \, \mathbf{Z} = \mathbf{I}_{3n} \qquad (2.13)$$

De la même manière, en écrivant la transformation inverse on aurait une relation équivalente pour Z^{-1} :

$$\sum_k Z^{-1}_{ki} Z^{-1}_{kj} = \delta_{ij} \quad \text{ou} \quad \mathbf{Z^{-1}}^T \mathbf{Z^{-1}} = \mathbf{I}_{3n} \qquad (2.14)$$

Ceci revient à dire que les modes normaux sont orthogonaux, $Z^T = Z^{-1}$, cette propriété est seulement vraie en coordonnées réduites, où l'énergie cinétique s'exprime comme $1/2 \, (\dot{\mathbf{x}}^{mw})^T \dot{\mathbf{x}}^m w$. C'est ce qui explique son intérêt et son utilisation courante dans l'analyse en modes normaux.

2.1.3 Autres types de coordonnées

En pratique, on peut utiliser tout type de coordonnées pour cette analyse, la seule restriction étant que les énergies cinétiques et potentielles aient des formes quadratiques. Pour l'énergie potentielle cela est requis par l'harmonicité :

$$2V = \sum_{i,j} f_{ij} \, \zeta_i \zeta_j \qquad (2.15)$$

Pour l'énergie cinétique la forme la plus générale est :

$$2T = \sum_{i,j} t_{ij}\, \dot\zeta_i \dot\zeta_j \tag{2.16}$$

où ζ est une coordonnée quelconque, et t_{ij} les éléments d'une matrice dont le développement en série par rapport aux coordonnées est possible :

$$t_{ij} = t_{ij}^0 + \sum_k t_{ij}^1\, \zeta_k + ... \tag{2.17}$$

Dans l'approximation des petites vibrations, les termes dépendants des positions sont négligés et seul le terme $t = t^0$ est conservé. Les équations du mouvement, ainsi que l'équation séculaire sont déduites exactement de la même manière. Dans ce cas général, les valeurs propres sont solutions du déterminant :

$$|\mathbf{f} - \mathbf{t}^0 \lambda| = 0 \tag{2.18}$$

et les modes normaux Z sont les vecteurs propres du système d'équations aux valeurs propres généralisées (SEVPG) :

$$\mathbf{f}\, Z = \mathbf{t}^0\, Z\, \Lambda$$

Les modes propres ne sont plus orthonormaux, mais une relation peut de nouveau être déduite de la définition des coordonnées normales (2.9) :

$$\sum_{i,j} t_{ij}^0 Z_{ik} Z_{jl} = \delta_{kl} \qquad \mathbf{Z}^T\, \mathbf{t}^0\, \mathbf{Z} = \mathbf{I}_{3n} \tag{2.19}$$

Les coordonnées couramment utilisées sont les coordonnées réduites et cartésiennes, où la matrice diagonale des masses remplace la matrice $\mathbf{t}$ dans les équations présentées. Les coordonnées internes sont particulièrement pratiques puisqu'elles sont indépendantes du référentiel, les matrices sont alors réduites à $[3n-6]\times[3n-6]$ composantes.

2.2 Systèmes non-harmoniques, température finie

Les modes propres ont été rigoureusement définis pour un système harmonique. Les interactions atomiques ne peuvent pas être véritablement assimilées à des ressorts parfaits. L'approximation harmonique n'est valable que lorsque le système est proche de l'équilibre. Si on développe l'énergie potentielle en série de Taylor autour de cette position, on obtient :

$$\begin{aligned}V =\ & E_0 + \sum_i \frac{\partial E}{\partial x_i}\Big|_{x^0} \delta x_i + \frac{1}{2}\sum_{i,j} \frac{\partial^2 E}{\partial x_i \partial x_j}\Big|_{x^0} \delta x_i \delta x_j \\ & + \frac{1}{6}\sum_{i,j,k} \frac{\partial^3 E}{\partial x_i \partial x_j \partial x_k}\Big|_{x^0} \delta x_i \delta x_j \delta x_k + ...\end{aligned} \tag{2.20}$$

où l'indice x^0 indique que les dérivées partielles sont évaluées à la configuration d'équilibre. Comme précédemment le premier terme est une constante arbitraire et n'influe pas sur la dynamique. Le second est exactement nul seulement si la molécule est dans sa configuration d'équilibre et le troisième est en fait le seul que nous avions conservé dans la section précédente. Les suivants caractérisent l'anharmonicité des potentiels d'interaction. Quand on observe un système réel, expérimentalement ou dans une dynamique moléculaire, il est toujours à température finie. D'une part le système moléculaire n'est jamais exactement dans sa configuration d'équilibre, même à faible température il vibre autour de celle-ci. Les termes d'anharmonicité, d'ordre égal et supérieur à 3 dans le développement (2.20) ne peuvent plus être négligés. D'autre part, à température plus élevée, la molécule peut subir d'importants changements conformationnels. Si un soluté est immergé dans un solvant par exemple, les liaisons hydrogène soluté-solvant ont un temps de vie de l'ordre de la picoseconde, ce qui montre que l'environnement proche lui aussi fluctue de manière importante. La notion de configuration d'équilibre n'a donc pas forcément de signification. En théorie, les modes normaux définis pour un système harmonique sont encore valable pour un système non-harmonique, mais seulement dans la limite d'une température faible, c'est à dire tant que le potentiel d'interaction est correctement approximé par le hessien du système.

En dynamique moléculaire, les effets de température et d'anharmonicité sur les modes de vibration, comme les décalages en fréquence ou les élargissements des bandes sont en principe pris en compte. Les simulations donnent accès à l'ensemble des positions et des vitesses atomiques, ainsi qu'à toutes les grandeurs microscopiques calculables à partir de celles-ci. Si les potentiels d'interaction sont "corrects", on peut calculer et reproduire des spectres vibrationnels par les tranformées de Fourier de la corrélation du dipôle (voir chapitre 1).

2.2.1 Conséquence de l'anharmonicité sur les spectres vibrationnels, densité d'états vibrationnels (VDOS)

Les densités d'états vibrationnels calculées par le spectre de puissance des vitesses atomiques (Annexe B.1), nous renseignent sur les fréquences de vibration des molécules. Par définition c'est la transformée de Fourier de la corrélation de la somme des vitesses atomiques :

$$P_v(\omega) \ = \ \sum_\alpha \int_0^T <V_\alpha(0)V_\alpha(t)> e^{i\omega t} \, dt \qquad (2.21)$$

où α est un atome du système, et T la durée de la simulation de dynamique. On peut aussi restreindre la somme à un groupe d'atomes ou à un seul atome, pour obtenir leurs signatures spécifiques.

2.2. Systèmes non-harmoniques, température finie

Dans le cas d'un système harmonique, de l'expression exacte (2.11) obtenue pour les modes normaux q_k, on peut écrire leurs vitesses :

$$\dot{q}_k = \dot{q}_k^0 \sin(\omega_k t + \phi_k)$$

ainsi que les spectres de puissance de chaque atome i comme :

$$\begin{aligned} P_v^i(\omega) &= \int_0^T <\dot{x}_i(0)\dot{x}_i(t)> e^{i\omega t}\, dt \\ &= \int_0^T <\sum_k Z_{ik}\dot{q}_k(0) \sum_l Z_{il}\dot{q}_l(t)> e^{i\omega t}\, dt \\ &= \sum_{k,l} Z_{ik}\, Z_{il} \int_0^T <\dot{q}_k(0)\, \dot{q}_l(t)> e^{i\omega t}\, dt \end{aligned}$$

Les fonctions de corrélation entre deux fonctions harmoniques de fréquences différentes sont nulles, ce qui simplifie l'expression à une simple somme sur les modes :

$$P_v^i(\omega) = \sum_k Z_{ik}^2 \frac{<\dot{q}_k^0>}{2} \delta(\omega - \omega_k) \tag{2.22}$$

C'est une moyenne d'ensemble sur les conditions initiales.

Le spectre de puissance de l'atome i est donc une somme de dirac localisés aux fréquences des modes normaux, c'est une caractéristique des potentiels harmoniques. Il est pondéré par les modes propres Z_{ik}^2, qui quantifient la participation de l'atome i au mode k. Les atomes qui ne participent pas à un mode de vibration n'ont donc pas de signature spectrale à cette fréquence.

Comme illustration, sur la figure (2.1) sont représentés différents spectres VDOS de la molécule de N-méthyl-acétamide (NMA) en conformation Trans. Ils sont calculés à partir d'une dynamique Car-Parrinello de 10 picosecondes en phase gazeuse, à 20 K en moyenne [9]. Le spectre total, représenté au bas des graphiques, est décomposé en contribution de chacun des 4 atomes du groupe peptidique (C,O,N et H) sur la figure de gauche. On note par exemple que le mode à 1600 cm^{-1} fait intervenir l'ensemble des 4 atomes, alors que la bande à 1480 cm^{-1} ne comporte pas de signature de l'atome d'oxygène. Il ne participe donc pas aux mouvements vibrationnels à cette fréquence. Les atomes, ou les zones moléculaires qui participent le plus activement aux bandes spectrales sont entourées sur les schémas en bas des graphiques. Sur la figure de droite on a sélectionné les carbones des groupes méthyles seuls (C/N-H side et C/C=O side), ainsi que les groupes fonctionnels complets avec leurs hydrogènes (CH$_3$/C=O side et CH$_3$/C=O side). On fait apparaître des bandes de vibration spécifiques à chacun des deux groupes méthyles, et une légère dissymétrie dûe à leur environnement proche. Bien que la température soit faible (20 K) et que la géométrie s'écarte peu de sa configuration d'équilibre

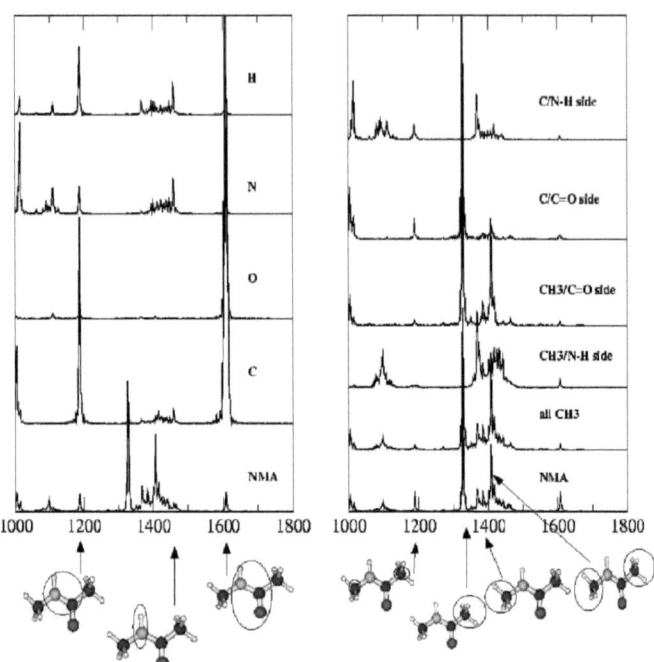

FIGURE 2.1 : VDOS de NMA isolé obtenu à partir d'une dynamique moléculaire Car-Parrinello à 20K [9].

durant la dynamique, les bandes obtenues présentent des largeurs variables suivant les modes et les atomes qui y participent. L'atome d'hydrogène de la liaison N-H possède des signatures parfaitement localisées à 1200 et 1600 cm^{-1}, par contre autour de 1400 cm^{-1} le spectre présente plusieurs pics qui s'étalent sur un domaine de 100 cm^{-1}. La délocalisation des VDOS des groupes méthyles est aussi présente à cette fréquence, elle est causée par les mouvements couplés de vibration et de rotation des groupes CH$_3$ autour des liaisons C-C et C-N du squelette. Cette conséquence de l'élargissement des spectres est encore plus remarquable sur le spectre infrarouge de la même molécule, mais en solution aqueuse à 300 K (chapitre 1, Fig. 1.7).

L'analyse des modes de vibration à l'aide des VDOS devient rapidement difficile et fastidieuse lorsque le nombre d'atomes et de modes augmentent. On n'a pas non plus directement d'informations sur le type de vibrations : stretchs, bends, torsions, ou sur les modes normaux de vibration. Les tables de référence permettent tout de même de les deviner. L'évaluation des

2.2. Systèmes non-harmoniques, température finie

couplages, même qualitatifs, entre stretchs et bends restent toutefois hors de portée.

Contrairement à la méthode NMA, il n'est pas possible d'assigner une fréquence précise aux vibrations. La même difficulté apparaît lorsque la molécule est composée d'un grand nombre d'atomes et que les fréquences sont extrêmement proches. Les bandes spectrales se recouvrent et deviennent indiscernables, on discute alors les densités d'états vibrationnels.

Les VDOS ne présument en rien du spectre infrarouge. En effet toutes les vibrations du système sont détectées dans les spectres vibrationnels, alors que l'infrarouge se réduit aux vibrations qui induisent des variations dipolaires. Si on considère par exemple une molécule de gaz carbonique CO_2 qui est linéaire, le mode de vibration symétrique des liaisons C=O n'induit pas de variation du dipôle, et par conséquent est invisible par spectroscopie IR. Les VDOS peuvent être comparés aux expériences de diffusion élastique de neutrons, en pondérant ces spectres par un facteur dépendant de la nature des atomes.

D'autres approches cherchent également à extraire les modes de vibration d'une dynamique. Nous allons présenter deux familles importantes de méthodes : les modes normaux instantanés (INM) et l'analyse en modes principaux (PMA). Nous évoquerons une autre plus récente, qui consiste à simuler l'absorption d'énergie directement au cours de la dynamique.

2.2.2 Modes normaux instantanés

L'analyse en mode normaux instantanés (INM) et une alternative (INMA) consistent à appliquer l'analyse en modes normaux sur les configurations obtenues le long d'une trajectoire de dynamique moléculaire. Le hessien est calculé et diagonalisé sur ces différentes géométries. On obtient ainsi un ensemble de fréquences et de vecteurs propres qui varient au cours du temps, et permettent statistiquement de reconstruire les densités d'états vibrationnels, ainsi que les modes normaux moyens.

Les modes normaux instantanés ont d'abord été appliqués aux liquides simples [51, 52, 53, 54, 55]. Bien que la dynamique complexe dans ces milieux condensés et désordonnés soit intrinsèquement anharmonique, ces études montrent que l'approximation harmonique est valide pour des temps très courts, inférieurs à la picoseconde. On peut déduire des propriétés dynamiques comme la diffusion, ou remonter aux facteurs de structure avec de bons accords expérimentaux. Les fluctuations de l'environnement sont prises en compte et les largeurs des bandes spectrales sont bien reproduites. Mais le hessien, calculé sur des configurations instantanées n'est plus assuré d'être défini positif car les forces qui s'exercent sur les atomes ne sont jamais nulles. Il possède alors des valeurs propres négatives, auxquelles on associe des fréquences imaginaires, qui sont difficilement interprétables en termes de fréquences vibrationnelles. Cela rend l'application de cette méthode pour un soluté immergé dans un solvant peu concluante, car les modes obtenus fluctuent de manière très importantes.

Une alternative aux modes normaux instantanés, dénommée INMA ou QNM pour "quenched normal modes", est utilisée pour reproduire les spectres infrarouges de solutés hydratés [56, 57]. Pour éliminer les fréquences imaginaires, la géométrie de la molécule est optimisée dans sa cage de solvant instantanée avant le calcul et la diagonalisation du hessien. On obtient alors précisément les décalages en fréquence des spectres vibrationnel liées à la structure et aux fluctuations de l'environnement. Par contre en optimisant la géométrie de la molécule, les dynamiques du soluté et de son environnement sont découplées et certains effets dynamiques, comme l'élargissement des bandes, disparaissent.

INM et INMA sont complémentaires. Les VDOS obtenus par ces deux méthodes sont en général proches, bien que certaines zones de fréquences semblent interdites avec INMA [55]. Si on souhaite une description précise des modes de vibration, les vecteurs propres doivent être moyennés, une statistique importante est pour cela nécessaire. Le calcul des dérivées secondes de l'énergie, par différence finie ou par réponse linéaire est coûteux, particulièrement en dynamique moléculaire quantique où elles sont peu utilisées.

2.2.3 Analyse en modes principaux (PMA)

Parmi la longue littérature sur l'analyse vibrationnelle, l'analyse en modes principaux (PMA, ou en composantes principales PCA) est actuellement populaire. Nous présentons formellement la méthode, en s'inspirant des articles de Brooks et Wheeler [58, 59, 60]. Nous verrons plus loin qu'elle sera à nouveau déduite de la méthode que nous avons développé.

Dans cette approche, au lieu de négliger les termes d'anharmonicité en diagonalisant le hessien, on cherche à calculer un hessien effectif, moyenné sur la dynamique. La méthode PMA est basée sur la distribution de probabilité des déplacements atomiques à l'équilibre $P(\mathbf{x})$. Pour un système soluté-solvant, le soluté est considéré dans l'ensemble canonique, le bain thermique étant formé par le solvant. Si le système est placé dans un référentiel lié à la molécule de soluté, où la diffusion et les mouvements d'ensembles sont soustraits, et que l'on note $<\mathbf{x}>$ la position moyenne au cours de la dynamique, plus ou moins équivalente à la position d'équilibre, la probabilité normalisée $P(\mathbf{x})$ suit approximativement une distribution gaussienne :

$$P(\mathbf{x}) \approx \frac{1}{(2\pi)^{3n/2}} \; |\sigma^{1/2}| \; e^{-\frac{1}{2}(\mathbf{x}-<\mathbf{x}>)^T \sigma^{-1}(\mathbf{x}-<\mathbf{x}>)}$$

2.2. Systèmes non-harmoniques, température finie

où n est le nombre d'atomes, et σ la matrice de covariance des déplacements, dont les termes σ_{ij} sont calculés en pratique par la moyenne temporelle en coordonnées réduites :

$$\sigma_{ij} = \langle\, (x_i - <x_i>)\,(x_j - <x_j>)\, \rangle \tag{2.23}$$

La surface d'énergie potentielle $V(\mathbf{x})$ explorée au cours de la dynamique définit la fonction de partition configurationnelle :

$$Z(\mathbf{x}) = \frac{1}{(2\pi)^{3n/2}}\, |\sigma^{1/2}|\, e^{-\frac{V(\mathbf{x})}{k_B T}}$$

avec k_B la constante de Boltzmann et T la température du bain. Dans l'approximation harmonique $V(\mathbf{x}) = 1/2\, \mathbf{x}^T\, \mathbf{K}\, \mathbf{x}$, on peut relier le hessien effectif à la matrice de covariance :

$$\mathbf{K} = k_B T\, \sigma^{-1} \tag{2.24}$$

En diagonalisant la matrice $\mathbf{K}$, on obtient $3n$ vecteurs et valeurs propres. Si les calculs sont effectués en coordonnées réduites ($x_i^{mw} = \sqrt{m_i} x_i$), les valeurs propres λ_k de σ sont reliées aux fréquences des modes par :

$$\lambda_k = k_B T / \omega_k^2 \tag{2.25}$$

Cette procédure donne la meilleure approximation harmonique du potentiel visité durant la dynamique [59].

Contrairement aux méthodes présentées précédemment, PMA utilise une moyenne sur le temps des grandeurs microscopiques issues de la dynamique avant d'effectuer une unique diagonalisation ; de ce fait elle prend en compte l'ensemble de la trajectoire ainsi que les anharmonicités. Les temps de calcul sont de plus considérablement réduits car les termes du hessien effectif K_{ij} sont évalués par les matrices de covariance des déplacements atomiques, sans avoir à calculer des dérivées explicitement. Finalement les fréquences et les vecteurs propres obtenus sont uniques et directement interprétables en mouvements effectifs atomiques.

Dans ces approches on parle en général d'approximation quasi-harmonique [61, 58]. Le principe général est illustré par la figure (2.2) inspirée d'une note de K. Hinsen. Une surface d'énergie potentielle est représentée en trait continu. L'abscisse peut correspondre à un angle de torsion qui décrirait la rotation d'un groupe méthyle dans un environnement confiné par exemple. L'approximation quasi-harmonique consiste à approximer cette surface par une forme harmonique. Grâce à cette approximation, les modes normaux et les fréquences de vibration sont déterminés par diagonalisation du hessien. Le schéma montre une limite de cette approximation. Suivant la dynamique effectuée, deux formes harmoniques possibles sont tracées en traits pointillés. Si le système dispose de suffisamment d'énergie pour passer au-dessus des faibles barrières, la dynamique est peu affectée par celles-ci et le potentiel apparent est la large

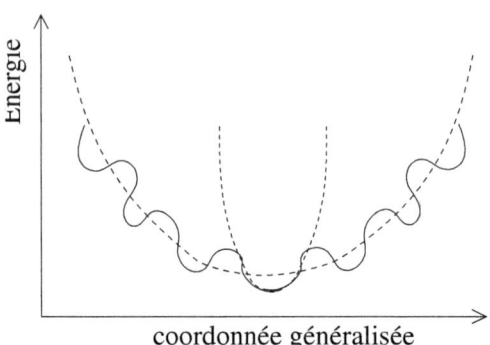

FIGURE 2.2 : Illustration de l'approximation quasi-harmonique d'une surface de potentiel.

parabole, à laquelle une faible constante de force est associée. Si par contre la simulation est effectuée à faible température le système se trouve piégé dans le puits d'énergie minimal et vibre bien plus rapidement. Le potentiel visité est alors très différent, et approximé par la parabole de forte concavité. Le mouvement associé à ce mode de vibration est dépendant de paramètres extérieurs comme la température, c'est une limite de l'approximation harmonique.

2.2.4 Dynamique Moléculaire Dirigée (DMD)

Indépendamment de ces méthodes, on peut citer la "dynamique moléculaire dirigée" (driven molecular dynamics DMD) [62, 63]. Cette approche développée pour simuler l'absorption multiphonique de la lumière, a été proposée et appliquée à l'analyse de modes normaux en 2003. Un terme extérieur harmonique est ajouté dans le hamiltonien qui décrit le système moléculaire :

$$H = H_0 + U(t)$$

avec H_0 le hamiltonien du système $(T+V)$ et $U(t) = \sum_{ij} \lambda_{ij} \, r_{ij} \, sin(\omega t)$ le terme extérieur supplémentaire. r_{ij} sont les distances intermoléculaires entre les atomes i et j, et λ_{ij} sont des constantes arbitraires de couplages entre les atomes. Par analogie avec les expériences de spectroscopie, la pulsation ω est variée continuement et lentement durant la dynamique. Lorsque ω est proche de la valeur d'un mode normal de vibration le système répond en excitant le mode associé. La mesure d'absorption adoptée par les auteurs est l'énergie interne du système donnée par :

$$<E> = \frac{1}{T} \sum_i H_0(t_i)$$

où T est la durée de la simulation. Le spectre d'absorption indique les fréquences, et reproduit les VDOS calculés séparément. L'étude de la dynamique à cette fréquence de résonance permet de remonter aux mouvements atomiques des modes propres. Dans la mesure où les couplages λ_{ij} sont faibles, typiquement de l'ordre de 10^{-4} Hartree (22 cm^{-1}), les mouvements restent dans la limite des faibles amplitudes, du moins sur une courte durée, car le mode absorbe continuellement de l'énergie et l'amplitude des mouvements augmentent au cour du temps.

Cette méthode originale ne repose pas sur une approximation harmonique du potentiel, toutes les anharmonicités et les couplages entre modes restent présents. Mais le spectre obtenu est dépendant des constantes de couplages. En pratique on diminue ces paramètres jusqu'à ce que le profil se stabilise (nombre de bandes d'absorption et largeurs des bandes). L'interprétation des modes de vibration n'a été jusqu'à maintenant que qualitative, l'absorption continue de l'énergie rendant difficile la quantification précise de la participation relative des coordonnées atomiques. Cette méthode n'a été appliquée qu'en dynamique classique, car les temps de simulation sont nécessairement longs pour pouvoir balayer l'ensemble du spectre, et ce assez lentement pour que le système puisse répondre à l'excitation.

2.3 État des lieux, applications à de larges systèmes

Dans une série d'articles récents, Paul Tavan et coll. [64, 57] discutent les domaines d'applications et les limitations des différentes méthodes INM, INMA et PMA, par rapport à l'analyse en modes normaux originelle. Les remarques concernant les modes normaux instantanés ont déjà été sommairement présentées, nous nous limitons à celles sur PMA qui sont pertinentes pour notre modèle.

En premier point, Tavan et coll. soulignent que les calculs doivent être effectués dans un référentiel lié à la molécule, et cela pour deux raisons : premièrement une molécule en solution ou en phase gazeuse possède des mouvements d'ensemble de translation et de rotation. Les modes normaux "tournent" avec la molécule et sont alors dépendants du temps. Ils deviennent difficiles à analyser si les fonctions de corrélation ont été calculées dans un repère cartésien fixe. De plus le couplage rotation-vibration empêche la séparation de l'hamiltonien en deux termes purement cinétique et potentiel. Pour comparer les résultats à l'analyse en modes normaux, et être assuré que les modes de translation-rotation et de vibration soient découplés, on doit se placer dans le référentiel d'Eckart. La conséquence pour la méthode PMA est que la matrice de covariance des déplacements σ (2.23) devient singulière dans ce référentiel, et son inversion (2.24) numériquement instable. Ce point n'est peut être pas critique quand un soluté est immergé dans le solvant et que les temps de simulation sont courts. Les mouvements de translation et de rotation sont suffisants pour que la matrice de covariance soit inversible, mais assez faibles pour qu'on puisse les soustraire des modes normaux dans un second temps.

Dans le cas d'un potentiel harmonique, d'un hamiltonien constant dans le temps et si le système est parfaitement équilibré thermodynamiquement, la méthode est exacte. En suivant la démarche de Tavan, reprenons chacun de ces points séparément et voyons dans quelle mesure ceux-ci sont vérifiés dans des simulations de dynamique moléculaire.

Les potentiels intramoléculaires dans les dynamiques classiques sont par construction harmoniques,[3] mais les interactions à longue portée, coulombiennes et van der Waals, créent une faible anharmonicité. Dans les simulations quantiques Car-Parrinello, ces interactions sont calculées à partir de la distribution électronique, l'approximation harmonique n'est alors justifiable que pour de très faibles déplacements. La méthode PMA dans ce cas surestime la fréquence d'un oscillateur anharmonique isolé, et la sous-estime s'il est couplé à un bain thermique, et ce d'autant plus que la température est élevée. L'hamiltonien d'un sous-ensemble du système total, par exemple un soluté dans un solvant dans l'ensemble microcanonique (ensemble NVE) ou dans un bain à température fixe (ensemble NVT), fluctue dans le temps. Alors de même les fréquences de vibration sont systématiquement sous-estimées. Ces erreurs sont relativement faibles à température ambiante. On peut les estimer analytiquement, et corriger dans une certaine mesure les fréquences.

Une dernière source d'erreur provient de l'équipartition de l'énergie sur une trajectoire de durée finie. La mécanique statistique à l'équilibre prévoit une énergie E égale à $1/2\,k_B T$ par degré de liberté en moyenne. Ce peut être l'énergie cinétique d'un atome i, $E_T = 3/2\,m_i\,v_i^2$ ou celle d'un mode propre $E_T = 1/2\,\dot{q}^2$. En dynamique classique, l'écart est faible car des durées de simulations importantes permettent d'atteindre l'équipartition correcte. Dans le cas d'une dynamique quantique généralement d'une dizaine de picosecondes, la variation peut atteindre 30 %, et même plus en phase gazeuse. La relation (2.25) fait intervenir la température dans le calcul des fréquences ω_k :

$$\omega_k = \sqrt{\frac{k_B T}{\lambda_k}} \qquad (2.26)$$

où λ_k est une valeur propre de la matrice de covariance σ^{-1}. Tavan et coll. proposent alors d'associer une température spécifique à chaque mode normal :

$$T_k = \frac{<\dot{q}_k^2>}{k_B} \qquad (2.27)$$

et de renormaliser les fréquences calculées par le facteur $\sqrt{T/T_k}$, où T est la température moyenne du système. Cette correction de PMA est dénommée viriel généralisé. Dans le cas

---

3. Excepté pour les dièdres.

2.3. État des lieux, applications à de larges systèmes   49

d'une dynamique Car-Parrinello de la dynamique de formaldéhyde en phase gazeuse d'une durée de 10 ps à 340 K, la déviation moyenne de l'énergie cinétique est équivalente à 226 K ! Par cette méthode de renormalisation, les fréquences sont modifiées de 30 à 300 cm^{-1} et sont alors en bien meilleur accord avec celles obtenues par NMA.

Comme nous utilisons le même type de dynamique moléculaire quantique, nous sommes confrontés à une problématique identique concernant l'équipartition de l'énergie. Dans notre méthode elle sera résolue d'une manière différente, imposée initialement par une contrainte.

2.3.1 Applications aux macromolécules biologiques

Dans le cas des larges biomolécules (ADN, ARN, protéines...), ce sont les mouvements de grandes amplitudes et de basses fréquences qui sont étudiés. Ils sont en effet reliés aux fonctions biologiques des macromolécules [65, 66]. Dans ce domaine de fréquences justement, les modes de vibration sont fortement anharmoniques. Si on veut les calculer par les méthodes de diagonalisation du hessien, cela demande des ressources en calcul importantes. Lorsque les matrices atteignent des tailles de l'ordre de (10 000 x 10 000), des techniques itératives de diagonalisation [67, 68], de séparation par blocs [1] ou des simplifications sur la description des systèmes comme les modèles gros grains, sont requises. La géométrie d'équilibre de la macromolécule reste toutefois difficile à déterminer pour ces systèmes, et le hessien possède souvent un grand nombre de valeurs propres imaginaires. Les méthodes basées sur les dynamiques moléculaires deviennent alors pertinentes et le calcul d'un hessien effectif par PMA fournit des informations complémentaires [69].

Un des objectifs des analyses en modes normaux dans ce domaine est de déterminer les modes "importants" dans la dynamique des larges et lents mouvements. On voudrait pouvoir ensuite effectuer des simulations de dynamique moléculaire avec un nombre réduit de degrés de liberté, en fixant tous les autres. Cette approche est nommée "dynamique essentielle" [70], mais n'a pas encore été réellement appliquée à grande échelle. La cause suggérée par K. Hinsen est certainement que les modes considérés comme négligeables par leur faible participation sur les fluctuations globales semblent quand même influencer la surface d'énergie potentielle globale de manière importante. De faibles barrières énergétiques dans un modèle tout atome peuvent devenir insurmontables si des modes de stretchs ou de bendings sont gelés. De mon point de vue, elle est aussi certainement dûe à l'ambiguïté de la définition des modes effectifs, comme illustré sur la figure (2.2), qui rendent les constantes de force dépendantes des paramètres globaux de la modélisation comme la température, et qui traduirait les difficultés de transférabilité de ces paramètres.

La validité de ces approches, leurs approximations sous-jacentes ainsi que leurs domaines d'application présents et à venir, restent un sujet très actif de recherche, motivé par le rôle de plus en plus important que joue la dynamique moléculaire dans la chimie et la biologie.

Chapitre 3

Localisation des modes de vibration

Localisation des modes de vibration

Après avoir fait une revue des méthode d'analyses vibrationnelles, nous présentons une méthode différente de localisation en fréquence des spectres de densité vibrationnelle (VDOS). Elle permet d'extraire d'une dynamique des fréquences et des modes de vibration, que l'on identifiera aux modes normaux généralisés pour des systèmes anharmoniques à température finie. Nous justifions d'abord notre approche d'une manière générale et rigoureuse, indépendamment du système de coordonnées. Nous obtenons une méthode analogue à l'analyse en modes principaux (PMA) en coordonnées cartésiennes, ainsi qu'à celle de Wilson (NMA) avec les impulsions. Nous l'étendons ensuite aux coordonnées internes qui permettent son application à une plus large variété de molécules, et fournissent des informations quantitatives sur la composition des modes en termes de mouvements internes : élongations, angles de pliages et torsions. Les premiers exemples sont présentés sur différents systèmes : une molécule de formaldéhyde isolée, de l'eau liquide, ainsi que sur les solutés uracile et N-méthyle-acétamide, solvatés dans l'eau.

3.1 Localisation en fréquence

Pour se placer dans un cadre général, nous utiliserons un jeu de coordonnées quelconque noté ζ. Ce peut être des coordonnées cartésiennes $\{x, \dot{x}\}$, réduites $\{x^{mw}, \dot{x}^{mw}\}$ ou internes $\{S, \dot{S}\}$, qui définissent l'ensemble des degrés de liberté du système, c'est à dire $3n$ coordonnées dans un repère cartésien ou $3n-6$ coordonnées internes plus 6 coordonnées d'ensemble qui décrivent la position et l'orientation de la molécule. Pour un système dynamique contenant n atomes, la trajectoire est décrite à l'aide de ces coordonnées $\zeta_i(t)$ et $\dot{\zeta}_i(t)$, $i = 1, .., 3n$, exprimées dans le référentiel fixe de la boîte de simulation. Les coordonnées normales de positions q et de vitesses $\dot{q}$ sont définies par une transformation linéaire et inversible :

$$\zeta_i(t) = Z_{ik}\, q_k(t) \Leftrightarrow q_k(t) = Z_{ki}^{-1}\, \zeta_i(t) \tag{3.1}$$

$$\dot{\zeta}_i(t) = Z_{ik}\, \dot{q}_k(t) \Leftrightarrow \dot{q}_k(t) = Z_{ki}^{-1}\, \dot{\zeta}_i(t) \tag{3.2}$$

où les vecteurs Z_k, k-ème colonne de la matrice $\mathbf{Z}$ sont les modes normaux $\partial \mathbf{x}/\partial q_k$ que l'on cherche à déterminer.

Dans le chapitre précédent, nous avons vu pour les systèmes harmoniques que les spectres de densité vibrationnelle des coordonnées normales présentent un unique pic à leurs fréquences de vibration, qui s'élargit avec l'anharmonicité. De ce principe, nous définissons les transformations linéaires (3.2) en imposant un spectre le plus localisé possible en fréquence. Par analogie avec la localisation des orbitales de Wannier utilisées dans les dynamiques Car-Parrinello (1.47), nous construisons une fonctionnelle $\Omega^{(n)}$ qui définit l'étalement en fréquence des spectres de puissance $P_k^q(\omega)$, et doit être minimisée par les modes normaux effectifs k :

$$\Omega^{(n)} = \sum_k \left(\frac{\beta}{2\pi} \int_{-\infty}^{+\infty} d\omega \ |\omega^{2n}| P_k^q(\omega) - \left(\frac{\beta}{2\pi} \int_{-\infty}^{+\infty} d\omega \ |\omega^n| P_k^q(\omega) \right)^2 \right) \quad (3.3)$$

pour tout $n \neq 0$ entier, avec les spectres de puissance calculés comme :

$$P_k^q(\omega) = \int_{-\infty}^{+\infty} <\dot{q}_k(0)\dot{q}_k(t)> e^{i\omega t} dt \quad (3.4)$$

Pour $n=1$, $\Omega^{(1)} = \sum_k (<\omega^2>_k - <\omega>_k^2)$ s'interprète comme la somme des déviations standards des spectres de puissance ; $<f(\omega)>$ est la moyenne d'une fonction $f(\omega)$ pondérée par le spectre de puissance k. Mais ce critère est valable pour tout n.

Ce critère n'est pas suffisant puisqu'il est trivialement vérifié par des coordonnées d'amplitudes nulles. Une contrainte d'orthogonalité et de normalisation sur les modes doit être ajoutée à la minimisation. D'une part on souhaite vérifier la décorrélation entre les modes normaux. Elle s'exprime à partir des spectres de puissance entre deux modes k et l comme :

$$\frac{1}{2\pi} \int_{-\infty}^{+\infty} d\omega \left(\int_{-\infty}^{+\infty} <\dot{q}_k(0)\dot{q}_l(t)> e^{i\omega t} dt \right) = <\dot{q}_k(0)\dot{q}_l(0)> = A_k \ \delta_{kl} \quad (3.5)$$

L'égalité provient de la définition de la transformée de Fourier inverse en $t=0$, et nous avons généralisé les spectres de puissance entre 2 coordonnées en construisant une matrice $P_{kl}^q(\omega)$:

$$P_{kl}^q(\omega) = \int_{-\infty}^{+\infty} <\dot{q}_l(0)\dot{q}_k(t)> e^{i\omega t} dt \quad (3.6)$$

D'autre part, pour un système à l'équilibre chacun des modes de vibration sont des degrés de liberté indépendants et possèdent une énergie $k_B T$. En choisissant dans (3.5) une constante $A = k_B T$ identique pour toutes les coordonnées k, on impose l'équipartition de l'énergie entre les coordonnées normales. En utilisant les relations (3.2) sous forme matricielle, on peut exprimer les fluctuations des coordonnées normales en fonction des corrélations des vitesses dans le jeu initial $\dot{\zeta}$ [1] :

$$<\dot{\mathbf{q}}\dot{\mathbf{q}}^T> \ = \ <\mathbf{Z}^{-1}\dot{\zeta} \ (\mathbf{Z}^{-1}\dot{\zeta})^T>$$
$$= \ \mathbf{Z}^{-1} <\dot{\zeta} \ \dot{\zeta}^T> \mathbf{Z}^{-1^T} = k_B T \ \mathbf{I}_{3n} \quad (3.7)$$

---

[1]. Pour alléger les notations on note la variance $<qq> = <q(0)q(0)>$, les corrélations temporelles seront toujours explicites

3.1. Localisation en fréquence

Cette relation est analogue à l'expression (2.19), elle donne une définition dynamique de la matrice **t** qui intervient dans l'expression de l'énergie cinétique. En les comparant on obtient :

$$< \dot{\zeta} \, \dot{\zeta}^T > = k_B T \, \mathbf{t}_d^{-1} \tag{3.8}$$

L'équivalence avec **t** est exacte seulement dans la limite d'une dynamique parfaitement équilibrée. Les dynamiques Car-Parrinello d'une dizaine de picosecondes sont trop courtes pour que cela soit vérifié ; en pratique les matrices sont différentes, et on note $\mathbf{t}_d$ celle extraite de la dynamique. La contrainte (3.5) se réécrit :

$$\mathbf{Z}^{-1} \, \mathbf{t}_d^{-1} \, \mathbf{Z}^{-1^T} = \mathbf{I}_{3N} \tag{3.9}$$

Cette seconde condition a été suggérée dans de précédents travaux [71, 64], mais elle est également insuffisante à elle seule. Elle ne donne pas une définition unique des modes normaux. Par exemple, en coordonnées réduites toute transformation orthonormale, $x'^{\,mw} = \mathbf{Y} x^{mw}$ avec $\mathbf{Y}^T = \mathbf{Y}^{-1}$, vérifient (3.5) et (2.19) :

$$2T = \sum_k (\dot{x}_k^{mw})^2 = \sum_{l,m} Y_{kl} \, \dot{x}_l'^{\,mw} \, Y_{km} \, \dot{x}_m'^{\,mw} = \sum_l (\dot{x}_l'^{\,mw})^2$$

Les transformées de Fourier sont linéaires, dans la suite nous utilisons régulièrement les relations matricielles suivantes entre les spectres de puissance :

$$\begin{aligned} \mathbf{P}^q(\omega) &= \int_{-\infty}^{+\infty} < \dot{\mathbf{q}}(0) \dot{\mathbf{q}}^T(t) > e^{i\omega t} \, dt \\ &= \int_{-\infty}^{+\infty} < \mathbf{Z}^{-1} \dot{\zeta} \, \dot{\zeta}^T \mathbf{Z}^{-1^T} > e^{i\omega t} \, dt \\ &= \mathbf{Z}^{-1} \, \mathbf{P}^\zeta(\omega) \, \mathbf{Z}^{-1^T} \end{aligned} \tag{3.10}$$

où $P^\zeta(\omega)$ est défini comme précédemment dans (3.6), à partir des fonctions de corrélation des vitesses $\dot{\zeta}$:

$$P_{ij}^\zeta(\omega) = \int_{-\infty}^{+\infty} < \dot{\zeta}_i(0) \, \dot{\zeta}_j(t) > e^{i\omega t} \, dt$$

Les fonctions de corrélation sont paires et les propriétés suivantes : $P_{ij}^q(\omega) = P_{ji}^{q*}(\omega) = P_{ij}^{q*}(-\omega)$ s'en déduisent. Si de plus nous considérons les moyennes d'ensemble exactes, sur une dynamique infiniment longue alors les matrices sont réelles. Mais nous ne nous limitons pas à ce cas.

Le théorème de Wiener-Khintchine [19] (et Annexe B.2) nous assure que les spectres de puissance sont positifs. Si les modes k et l sont bien localisés à des fréquences différentes, le recouvrement de leur spectre est négligeable. En conséquence les termes croisés $P_{kl}^q(\omega)$ sont faibles. On le voit par la relation de Cauchy-Schwartz :

$$P_{kl}^q(\omega) \leq \sqrt{P_{kk}^q(\omega) P_{ll}^q(\omega)} \tag{3.11}$$

3.1.1 Solution du problème de minimisation

Nous allons montrer que la minimisation de $\Omega^{(n)}$ avec la contrainte (3.9) peut être obtenue sans avoir recours à une méthode itérative. Aucun choix particulier n'est encore fait sur la valeur de n, ce doit juste être un entier non nul. On définit les matrices $\mathbf{K}_q^{(n)}$ et $\mathbf{K}_\zeta^{(n)}$, comme la moyenne de $|\omega|^n$ pondérée par les spectres de puissance des coordonnées normales et des vitesses atomiques. On peut aussi les relier par une transformation linéaire identique à (3.10) :

$$\begin{aligned}\mathbf{K}_q^{(n)} &= \frac{\beta}{2\pi}\int_{-\infty}^{+\infty} d\omega\, |\omega|^n\, \mathbf{P}^q(\omega) \\ &= \mathbf{Z}^{-1}\, \mathbf{K}_\zeta^{(n)}(\omega)\, \mathbf{Z}^{-1^T}\end{aligned} \qquad (3.12)$$

Avec cette définition $\Omega^{(n)}$ s'écrit en notation matricielle :

$$\Omega^{(n)} = \text{Tr}\left[\mathbf{Z}^{-1}\, \mathbf{K}_\zeta^{(2n)}\, \mathbf{Z}^{-1^T}\right] - \sum_k \left(\mathbf{Z}^{-1}\, \mathbf{K}_\zeta^{(n)}\, \mathbf{Z}^{-1^T}\right)^2_{kk}$$

et la contrainte (3.5 ou 3.9) est équivalente à la diagonalisation de la matrice $\mathbf{K}_\zeta^{(0)}$:

$$\frac{\beta}{2\pi}\int_{-\infty}^{+\infty} d\omega\, \mathbf{P}^q(\omega) = \mathbf{Z}^{-1}\, \mathbf{K}_\zeta^{(0)}\, \mathbf{Z}^{-1^T} = \mathbf{I}_{3N} \qquad (3.13)$$

Pour le premier terme de $\Omega^{(n)}$ la trace de ce produit de matrice est égale à : :

$$\begin{aligned}\text{Tr}\,[\mathbf{Z}^{-1}\, \mathbf{K}_\zeta^{(2n)}\, \mathbf{Z}^{-1^T}] &= \text{Tr}\,[\mathbf{K}_\zeta^{(2n)}\, \mathbf{Z}^{-1^T}\, \mathbf{Z}^{-1}] \\ &= \text{Tr}\,[\mathbf{K}_\zeta^{(2n)}\, \mathbf{K}_\zeta^{(0)^{-1}}]\end{aligned}$$

car $\mathbf{Z}^{-1^T} = \mathbf{K}_\zeta^{(0)^{-1}}\mathbf{Z}$ (contrainte (3.13)). Il est donc indépendant des modes normaux $\mathbf{Z}$, et la minimisation de $\Omega^{(n)}$ est alors équivalente à la maximisation de :

$$\Omega'^{(n)} = \sum_k (\mathbf{Z}^{-1}\, \mathbf{K}_\zeta^{(n)}\, \mathbf{Z}^{-1^T})^2_{kk} \text{ avec la contrainte } \mathbf{Z}^{-1}\, \mathbf{K}_\zeta^{(0)}\, \mathbf{Z}^{-1^T} = \mathbf{I}_{3N} \qquad (3.14)$$

Dans l'annexe (B.1), on montre que le problème est identique à la résolution du système d'équations aux valeurs propres généralisé (SEVPG) :

$$\mathbf{K}_\zeta^{(n)}\, \mathbf{Z}^{-1^T} = \mathbf{K}_\zeta^{(0)}\, \mathbf{Z}^{-1^T}\boldsymbol{\Lambda} \text{ avec la contrainte } \mathbf{Z}^{-1}\, \mathbf{K}_\zeta^{(0)}\, \mathbf{Z}^{-1^T} = \mathbf{I}_{3N} \qquad (3.15)$$

Le système est résolu par un programme standard d'algèbre linéaire, disponible dans la librairie Lapack par exemple. Celle-ci permet le calcul du système générique $\mathbf{A}z = \lambda\mathbf{B}z$ avec différentes normalisations. Une condition nécessaire pour l'existence de solutions est que la matrice $\mathbf{B} = \mathbf{K}_\zeta^{(0)}$ soit définie positive, c'est à dire que ces valeurs propres soient strictement positives. Les

3.1. Localisation en fréquence

modes normaux effectifs recherchés Z_k, sont obtenus à partir des vecteurs solutions de (3.15) et de la contrainte :

$$Z_k = (K_\zeta^{(0)})_{kj} \, Z^{-1^T}_j \tag{3.16}$$

Ils sont exprimés dans le jeu de coordonnées initiales ζ, une relation avec les coordonnées cartésiennes est nécessaire quand on souhaite les représenter sur un schéma.

Avant de continuer les démonstrations en choisissant des coordonnées et des valeurs particulières de n, quelques remarques générales peuvent être faites. Quand on construit une matrice $\mathbf{K}_q^{(n)}$ pour les coordonnées normales q, en multipliant à gauche par $\mathbf{Z}^{-1}$ l'équation (3.15) on obtient :

$$\mathbf{Z}^{-1} \, \mathbf{K}_\zeta^{(n)} \, \mathbf{Z}^{-1^T} = \mathbf{Z}^{-1} \, \mathbf{K}_\zeta^{(0)} \, \mathbf{Z}^{-1^T} \Lambda$$
$$\Leftrightarrow \mathbf{K}_q^{(n)} = \Lambda$$

et on vérifie la décorrélation des modes normaux imposée par la contrainte. Pour un mode particulier k on peut développer cette dernière équation :

$$\int_{-\infty}^{+\infty} d\omega \, |\omega|^n \, P_{kk}^q = \lambda_k^{(n)}$$

Les valeurs propres sont donc la moyenne $<\omega^n>_k$ de ω^n pondéré par le spectre de puissance du mode k. Cela explique le léger décalage suivant la méthode utilisée (choix de n), avec la simple moyenne de $<\omega>$ ($n=1$) qui est la moyenne naturelle lorsque l'on représente les spectres de ces modes.

On souhaite généralement vérifier la qualité de la localisation, pour cela on calcule le spectre de puissance des modes effectifs. A partir des expressions (3.7) et (3.10) deux méthodes sont possibles :

$$\mathbf{P}^q(\omega) = \mathbf{Z}^{-1} \, \mathbf{P}^\zeta(\omega) \, \mathbf{Z}^{-1^T} \tag{3.17}$$
$$= \int_{-\infty}^{+\infty} <\mathbf{Z}^{-1}\dot{\zeta} \, (\mathbf{Z}^{-1}\dot{\zeta})^T> e^{i\omega t} \, dt \tag{3.18}$$

La seconde consiste à exprimer toute la trajectoire dans les nouvelles coordonnées $\dot{\mathbf{q}} = \mathbf{Z}^{-1} \, \dot{\zeta}$, ce qui demande de nouveau le calcul des corrélations temporelles et des transformées de Fourier, et multiplie environ par 2 le temps de calcul. La première relation permet d'obtenir $\mathbf{P}^q(\omega)$ à partir des spectres de puissance des vitesses, précédemment calculés pour évaluer les matrices $\mathbf{K}_\zeta^{(0)}$ et $\mathbf{K}_\zeta^{(2)}$. Grâce à la linéarité, la méthode est quasi-immédiate.

Comme pour la méthode PMA, une seule diagonalisation est effectuée. La construction d'une ou deux matrices de corrélation réduit énormément le coût de calcul comparé au calcul du hessien sur différentes configurations. Le calcul explicite de la transformée de Fourier des fonctions de corrélation temporelles croît tout de même rapidement, comme $O(N^2)$ avec la durée de la trajectoire, et linéairement avec le nombre d'atomes. En annexe (B.2) nous donnons une méthode qui évite les calculs et le stockage des fonctions de corrélation temporelles, le temps de calcul devient linéaire avec le nombre d'atomes et de configurations.

Pour $n=1$ la quantité minimisée $\Omega^{(n)}$ est la variance des spectres de puissance, mais les matrices $\mathbf{K}$ ne semblent pas avoir d'interprétation physique évidente. Nous allons discuter d'autres choix de cette valeur et montrer que l'on retrouve les expressions des méthodes PMA et NMA à l'aide de notre modèle.

3.1.2 n=-2, Analyse en modes principaux

Dans cette première application nous utilisons les coordonnées cartésiennes et étudions le cas où n=-2. Nous allons calculer explicitement les matrices $\mathbf{K}_x^{(0)}$ et $\mathbf{K}_x^{(-2)}$, et montrer l'équivalence avec la méthode PMA discutée dans le chapitre précédent. Nous allons également particulariser la méthode avec l'utilisation des coordonnées cartésiennes. Le terme qui intervient dans l'énergie cinétique, et dans la contrainte de normalisation, est dans ce cas la matrice diagonale des masses $\mathbf{M}$. Rappelons tout d'abord l'expression de la matrice $\mathbf{K}_x^{(0)}$:

$$(K_x^{(0)})_{ij} = \frac{\beta}{2\pi} \int_{-\infty}^{+\infty} P_{ij}^x \, d\omega = \frac{\beta}{2\pi} \int_{-\infty}^{+\infty} d\omega \, TF[<\dot{x}_i(0)\dot{x}_j(t)>](\omega) = \beta <\dot{x}_i \dot{x}_j> \quad (3.19)$$

Les vitesses en coordonnées cartésiennes sont décorrélées, leurs variances sont reliées à la température thermodynamique T par le théorème d'équipartition de l'énergie cinétique :

$$<\dot{x}_i \, \dot{x}_j> \;=\; \frac{k_B T}{m_{ij}} \delta_{ij} \quad (3.20)$$

Ainsi la matrice $\mathbf{K}_x^{(0)}$ est identifiée à celle des masses extraite de la dynamique :

$$\mathbf{K}_x^{(0)} = \mathbf{M}_d^{-1} \quad (3.21)$$

et la contrainte sur les modes normaux (3.9) s'écrit :

$$\mathbf{Z}^{-1} \, \mathbf{M}_d^{-1} \, \mathbf{Z}^{-1^T} = \mathbf{I}_{3n} \quad (3.22)$$

Nous allons maintenant construire la matrice $\mathbf{K}_x^{(-2)}$:

$$(K_x^{(-2)})_{ij} = \frac{\beta}{2\pi} \mathcal{P} \int_{-\infty}^{+\infty} \omega^{-2} P_{ij}^x \, d\omega = \frac{\beta}{2\pi} \mathcal{P} \int_{-\infty}^{+\infty} \omega^{-2} TF[<\dot{x}_i(0)\dot{x}_j(t)>](\omega) \, d\omega$$

3.1. Localisation en fréquence

Si $n < 0$, nous devons utiliser la partie principale $\mathcal{P}$ pour définir le n^{ime} moment de la transformée de Fourier de la corrélation des vitesses (FTVCF). Elle est définie par :

$$\begin{aligned}(K_x^{(-2)})_{ij} &= \frac{\beta}{2\pi} \lim_{\epsilon \to 0} \left(\int_{-\infty}^{-\epsilon} \omega^{-2}\, TF[<\dot{x}_i(0)\dot{x}_j(t)>](\omega)\, d\omega \right. \\ &\quad \left. + \int_{\epsilon}^{+\infty} \omega^{-2}\, TF[<\dot{x}_i(0)\dot{x}_j(t)>](\omega)\, d\omega \right)\end{aligned}$$

et il est nécessaire que $TF[<\dot{x}_i(0)\dot{x}_j(t)>](\omega) \to 0$ quand $\omega \to 0$, c'est à dire :

$$\int_{-\infty}^{+\infty} dt\; <\dot{x}_i(0)\dot{x}_j(t)> = 0 \tag{3.23}$$

Quand $n < 0$ il ne doit donc pas y avoir de diffusion dans le système pour que $\mathbf{K}_x^{(-2)}$ soit défini. On suppose de plus que lorsque $t \to +\infty$, $<\dot{x}_i\dot{x}_j>$ tende vers 0, assez rapidement pour que $TF(\omega = 0^+) \to 0$ plus vite que ω^2.

Pour supprimer les mouvements diffusifs on décrit le système dans un référentiel lié à la molécule où l'on définit $\delta x_i = x_i - <x_i>$, le déplacement atomique de l'atome i par rapport à sa position moyenne. De manière générale pour une grandeur A à l'équilibre thermodynamique, en dérivant l'expression (1.22) : $<\dot{A}(0)A(t)> = - <A(0)\dot{A}(t)>$ par rapport au temps, on obtient :

$$<\dot{A}(0)\dot{A}(t)> = - <A(0)\ddot{A}(t)> \tag{3.24}$$

Les fonctions de corrélation des vitesses vérifient alors :

$$<\dot{x}_i(0)\dot{x}_j(t)> = -\frac{d^2}{dt^2} <\delta x_i(0)\delta x_j(t)>$$

et en utilisant les propriétés des transformées de Fourier :

$$-\omega^2\, TF\left[<\delta x_i(0)\delta x_j(t)>\right](\omega) = TF\left[<\dot{x}_i(0)\dot{x}_j(t)>\right](\omega)$$

ou, pour $\omega \neq 0$

$$TF\left[<\delta x_i(0)\delta x_j(t)>\right] = -\frac{1}{\omega^2} TF\left[<\dot{x}_i(0)\dot{x}_j(t)>\right](\omega)$$

En utilisant cette expression on peut écrire $\mathbf{K}_x^{(-2)}$ comme :

$$\begin{aligned}(K_x^{(-2)})_{ij} &= \frac{\beta}{2\pi} \lim_{\epsilon \to 0} \left(\int_{-\infty}^{-\epsilon} d\omega\, TF\left[<\delta x_i(0)\delta x_j(t)>\right](\omega) \right. \\ &\quad \left. + \int_{+\epsilon}^{+\infty} d\omega\, TF\left[<\delta x_i(0)\delta x_j(t)>\right](\omega) \right)\end{aligned}$$

La $\lim_{\omega \to 0} TF[<\delta x_i(0)\delta x_j(t)>] = \int_{-\infty}^{+\infty} <\delta x_i(0)\delta x_j(t)> dt$ est définie, continue et considérée nulle en $\omega = 0$ (3.23). L'intégrale de $\mathbf{K}_x^{(-2)}$ est alors valable sur toutes les fréquences :

$$(K_x^{(-2)})_{ij} = \frac{\beta}{2\pi} \int_{-\infty}^{+\infty} d\omega \, TF[<\delta x_i(0)\delta x_j(t)>](\omega) \qquad (3.25)$$

$$= \frac{\beta}{2\pi} <\delta x_i \delta x_j> \qquad (3.26)$$

et sous cette forme est équivalente à la matrice de covariance des déplacements atomiques (2.23).

Le système d'équations aux valeurs propres généralisé (SEVPG) (3.15) à résoudre est alors :

$$\beta(<\delta \mathbf{x}\delta \mathbf{x}^T>)_{ij} \, Z^{-1^T}_{jk} = <\omega^{-2}>_k \, (M_d)_{ij}^{-1} \, Z^{-1^T}_{jk} \qquad (3.27)$$

avec la condition de normalisation (3.22) :

$$(Z^{-1})_{ij} \, (M_d)_{jk}^{-1} \, (Z^{-1^T})_{kl} = \delta_{jl}$$

Et les modes normaux en coordonnées cartésiennes sont déduits de la relation (3.16) : $\mathbf{Z} = \mathbf{K}_x^{(0)} \, \mathbf{Z}^{-1^T}$. En remplaçant $\mathbf{Z}^{-1^T}$ par $\mathbf{M}_d \mathbf{Z}$ dans l'équation (3.27), on obtient :

$$\beta(<\delta \mathbf{x}\delta \mathbf{x}^T>)_{ij} \, (M_d)_{jk} \, Z_k = <\omega^{-2}>_k \, Z_{ik}$$
$$\Leftrightarrow (<\delta \mathbf{x}\delta \mathbf{x}^T>)_{il}^{-1} \, Z_{lk} = \frac{\beta}{<\omega^{-2}>_k} \, (M_d)_{ij} \, Z_{jk}$$
$$\Leftrightarrow (<\delta \mathbf{x}\delta \mathbf{x}^T>)_{il}^{-1} \, Z_{lk} = \beta <\omega^2>_k \, (M_d)_{ij} \, Z_{jk} \qquad (3.28)$$

De cette forme ressort une grande analogie avec la méthode PMA (2.24). Dans cette dernière les masses atomiques n'apparaissaient pas car les calculs étaient effectués en coordonnées réduites. Dans notre article [72] nous démontrons, d'une manière différente de Wheeler [59], que l'inverse de la matrice de covariance des déplacements est la meilleur approximation harmonique du hessien.

3.1.3 n=2, Analyse en modes normaux

C'est le choix que nous avons préféré pour nos études, et celui utilisé dans les applications en coordonnées cartésiennes et internes. Il permet d'obtenir une forme équivalente à l'équation séculaire de la méthode NMA en calculant un hessien moyen extrait d'une dynamique, mais par une approximation harmonique sur les forces dans ce cas. Nous utilisons maintenant les impulsions comme coordonnées, $p_i = m_i v_i$ avec m_i la masse atomique de l'atome i, plutôt que les vitesses pour une interprétation directe des matrices $\mathbf{K}$.

3.1. Localisation en fréquence

L'énergie cinétique s'exprime en fonction des impulsions comme : $T = \sum_i p_i^2/2m_i$, la matrice $\mathbf{t}$ de l'équation séculaire (2.6) serait ici $\mathbf{M}^{-1}$. Nous traitons ce cas en suivant la méthode générale, et déduirons les modes normaux $\mathbf{Z}$ en fonction des positions en fin de calcul. Les relations linéaires entre les coordonnées normales et les impulsions sont notées $Y_{ik} = \partial p_i/\partial q_k$:

$$\dot{q}_k = Y_{ki}^{-1}\, p_i$$

La condition de normalisation (3.9) s'écrit :

$$\mathbf{Y}^{-1}\,\mathbf{K}_\mathbf{p}^{(0)}\,\mathbf{Y}^{-1T} = \mathbf{I}_{3N} \tag{3.29}$$

avec $\mathbf{K}_p^{(0)}$:

$$(K_p^{(0)})_{ij} = \frac{\beta}{2\pi}\int_{-\infty}^{+\infty} P^p(\omega)\,d\omega = <p_i(0)p_j(0)> = (\mathbf{M}_d)_{ij}\,\delta_{ij}$$

où comme précédemment, la matrice des masses dynamique est notée $\mathbf{M}_d$. Pour les éléments de $\mathbf{K}_p^{(2)}$:

$$(K_p^2)_{ij} = \frac{\beta}{2\pi}\int_{-\infty}^{+\infty}\omega^2 P_{ij}^p(\omega)\,d\omega = \frac{\beta}{2\pi}\int_{-\infty}^{+\infty}\omega^2\,TF[<p_i(0)p_j(t)>](\omega)\,d\omega$$

En utilisant les propriétés de dérivation des transformées de Fourier [2], on peut l'exprimer comme la variance des forces :

$$\begin{aligned}(K_p^2)_{ij} &= -\frac{\beta}{2\pi}\int_{-\infty}^{+\infty} TF[\frac{d^2}{dt^2}<p_i(0)p_j(t)>](\omega)\,d\omega \\ &= \beta<F_i(0)F_j(t)>|_{t=0} = \beta<F_iF_j>\end{aligned} \tag{3.30}$$

où $F_i = m_i\,dp_i/dt$ est une des composantes de la force appliquée par le système sur l'atome i, et où on a de nouveau utilisé la relation des dérivées des fonctions de corrélation à l'équilibre (3.24). De manière générale on peut réécrire la corrélation des forces dans différents ensembles thermodynamiques [73]. Nous donnons ici une démonstration dans l'ensemble canonique en utilisant la fonction de partition Z :

$$\begin{aligned}<F_i(0)F_j(0)> &= \frac{1}{Z}\int_{-\infty}^{+\infty}\frac{\partial V}{\partial x_i}\frac{\partial V}{\partial x_j}e^{-\beta V}d\mathbf{x} \\ &= -\frac{1}{Z\beta}\int_{-\infty}^{+\infty}\frac{\partial V}{\partial x_i}\frac{\partial}{\partial x_j}(e^{-\beta V})d\mathbf{x}\end{aligned} \tag{3.31}$$

En faisant l'intégration par parties par rapport à x_j :

$$\int_{-\infty}^{+\infty}\frac{\partial V}{\partial x_i}\frac{\partial}{\partial x_j}(e^{-\beta V})\,d\mathbf{x} = [\frac{\partial V}{\partial x_i}\,e^{-\beta V}]_{-\infty}^{+\infty} - \int_{-\infty}^{+\infty}\frac{\partial^2 V}{\partial x_i\partial x_j}\,e^{-\beta V}\,d\mathbf{x}$$

---

2. $TF[\frac{df}{dt}(x)](\omega) = -i\omega TF[f(x)](\omega)$

le premier terme s'annule car c'est une différentielle exacte, et on obtient finalement :
$$< F_i(0)F_j(0) > \; = \; k_B T \; < \frac{\partial^2 V}{\partial x_i \partial x_j} >$$

Par identification avec (3.30), la matrice $K_{ij}^{(2)} = < \frac{\partial^2 V}{\partial x_i \partial x_j} >$ est un hessien effectif, calculé à l'aide des fonctions de corrélation des impulsions. Cette relation, utilisée dans les simulations Monte-Carlo, permet de définir une température dite configurationnelle lorsque l'énergie cinétique n'est pas considérée [74, 73, 75]. Dans ces articles Evans étend les définitions aux différents ensembles (canonique, microcanonique et dynamique moléculaire avec conditions aux bords périodiques) et montre que ces définitions convergent dans la limite thermodynamique. Nous faisons ici l'hypothèse qu'elle est égale à la température "cinétique".

Dans ce cas, le SEVPG (3.15) est :

$$\mathbf{K}_p^2 \; \mathbf{Y}^{-1^T} \; = \; \mathbf{M}_d \; \mathbf{Y}^{-1^T} \; \mathbf{\Lambda} \tag{3.32}$$

$$\Leftrightarrow < \frac{\partial E}{\partial x_i \partial x_j} > \; Y^{-1^T}_{jk} \; = \; <\omega^2>_k \; (M_d)_{ij} \; Y_{jk} \tag{3.33}$$

avec la contrainte de normalisation (3.29) : $\mathbf{Y}^{-1} \; \mathbf{M}_d \; \mathbf{Y}^{-1^T}$. Les modes normaux $\mathbf{Y}$ en fonction des impulsions, sont déduits de la même manière :

$$Y_{ik} = (M_d)_{ij} \; Y^{-1^T}_{jk} \tag{3.34}$$

Et on obtient une relation avec les modes exprimés en coordonnées cartésiennes :

$$Y_{ik} \; = \; \frac{\partial p_i}{\partial q_k} = m_i \frac{\partial x_i}{\partial q_k} \tag{3.35}$$

$$\Leftrightarrow \mathbf{Y} \; = \; \mathbf{M}_e \; \mathbf{Z} \tag{3.36}$$

où $\mathbf{M}_e$ est ici la matrice exacte des masses atomiques. Le résultat recherché est finalement :

$$\mathbf{Z} = \mathbf{M}_e^{-1} \; \mathbf{M}_d \; \mathbf{Y}^{-1^T} \tag{3.37}$$

Si le sytème est parfaitement équilibré, la matrice $\mathbf{K}_p^0 = \mathbf{M}_d = \mathbf{M}_e$ quelque soit la température, et les modes seraient alors directement obtenus par la résolution du système d'équations généralisé. Cela vient de l'analogie avec l'équation séculaire. En coordonnées cartésiennes, on devrait résoudre (2.18) :

$$|\mathbf{K} - \mathbf{M}\,\lambda| \; = \; 0 \quad \text{avec} \quad \mathbf{Z}^T \mathbf{M} \mathbf{Z} = \mathbf{I}_{3n}$$

$$\Leftrightarrow \mathbf{KZ} \; = \; \mathbf{MZ\Lambda} \tag{3.38}$$

Avec le choix $n=2$ et l'utilisation des impulsions, cette expression est identique à l'équation généralisée (3.33). On obtient alors les mêmes modes propres que par la méthode de Wilson. La méthode de localisation est une généralisation à température finie et pour un système anharmonique ; elle reste exacte dans le cas d'un système harmonique. Le hessien est ici calculé à partir des vitesses ou des fluctuations des forces à l'équilibre, cela présente une alternative intéressante par rapport aux calculs basés sur les déplacements.

3.1.4 Simulation de durée finie

Lors de la présentation de PMA dans le chapitre précédent, nous avons discuté une limite importante de la méthode due à la faible statistique des dynamiques moléculaires quantiques. Les simulations de quelques dizaines de picosecondes sont trop courtes pour que la condition d'équipartition de l'énergie cinétique soit vérifiée. Dans la méthode du viriel généralisé (section 2.3), les fréquences de vibration sont corrigées en tenant compte de l'énergie cinétique des coordonnées normales. Dans notre approche, les conséquences d'une faible statistique se traduisent par une matrice $\mathbf{K}^{(0)}$ non-diagonale. La contrainte d'équipartition est imposée initialement, et ne demande aucun post-traitement. Par contre l'amplitude des mouvements est modifiée ; si un mode de vibration possède une faible énergie durant la dynamique, la normalisation augmentera son amplitude de sorte que toutes les coordonnées normales possèdent une énergie cinétique identique. Dans le premier exemple avec $n=-2$ (3.15), la température est présente dans le facteur β. Il est choisi comme la température moyenne du système, les modes sont normalisés sur cette valeur. Dans le second (3.33), il apparaît en facteur commun de $\mathbf{K}^{(0)}$ et $\mathbf{K}^{(2)}$, les matrices des masses dynamiques et le hessien effectif. Les solutions sont donc indépendantes de ce paramètre d'entrée.

3.2 Repère fixe et conditions d'Eckart

Dans une étude statique comme NMA, les 6 mouvements d'ensemble qui ne modifient pas la structure de la molécule se distinguent par une fréquence associée nulle. Comme nous l'avons signalé dans le chapitre précédent, la molécule doit être placée dans un repère particulier afin que le découplage avec les $3n-6$ autres modes de vibration soit maximal. Dans les méthodes utilisant des dynamiques moléculaires, nous somme confrontés à une complication supplémentaire. Le soluté peut subir d'importants mouvements de diffusion dans un solvant, ou simplement se déplacer en phase gazeuse, mais les modes normaux effectifs restent liés à une configuration de référence. D'une part, la géométrie d'équilibre ou de référence ne peut pas être simplement calculée comme une moyenne temporelle. D'autre part, pour que la moyenne des vecteurs propres instantanés (INM), ou que le calcul de fonctions de corrélations aient un sens (PMA), ils doivent être effectués dans un repère cartésien fixe [64]. Pour ces raisons il est souvent nécessaire de se placer dans un repère lié à la molécule pour appliquer les méthodes d'analyses vibrationnelles présentées. Les fréquences des mouvements d'ensemble ont des valeurs non nulles dans ce cas, et une séparation exacte avec les modes de vibration n'est plus assurée. Cette difficulté vient des couplages qui existent entre les modes de vibration et ceux de rotation. Nous allons développer ce point et présenter le repère défini par Eckart [76]. Dans une étude statique on souhaite que les modes de vibrations soient découplés des mouvements d'ensemble de la molécule. Dans le cas d'une dynamique nous allons de plus chercher à recalculer la trajectoire dans ce référentiel adapté.

Une configuration extraite d'une trajectoire de dynamique moléculaire est décrite dans le référentiel fixe du laboratoire ou de la boîte de simulation O par $6n$ coordonnées, $3n$ positions $\mathbf{x}_\alpha^L$ et $3n$ vitesses $\mathbf{v}_\alpha^L = \partial \mathbf{x}_\alpha^L / \partial t$. Pour définir un référentiel O' lié à la molécule, on a besoin d'indiquer sa position instantanée $\mathbf{R}$ par rapport à O, et d'orienter les vecteurs de bases de ce repère tournant par 3 angles d'Euler ϕ, χ et θ. Cela impose 6 combinaisons linéaires des coordonnées cartésiennes sur $\mathbf{x}_\alpha^L$, ce qui laisse exactement $3n$-6 degrés de liberté pour décrire les modes de vibration purs dans le nouveau référentiel.

Dans le repère O' mobile, la position d'équilibre de l'atome α est notée $\mathbf{x}_\alpha^0$, sa position instantanée $\mathbf{x}_\alpha = x_\alpha, y_\alpha$ et z_α et sa vitesse $\mathbf{v}_\alpha$. On introduit aussi le vecteur de déplacement $\rho_\alpha = \mathbf{x}_\alpha - \mathbf{x}_\alpha^0$. On peut exprimer le changement de repère entre le référentiel du laboratoire et le référentiel O' par les relations suivantes :

$$\mathbf{x}_\alpha^L = \mathbf{R} + \mathbf{x}_\alpha \quad (3.39)$$
$$\mathbf{v}_\alpha^L = \dot{\mathbf{R}} + \omega \wedge \mathbf{x}_\alpha + \mathbf{v}_\alpha \quad (3.40)$$

où $\omega = [\dot{\phi}, \dot{\chi}, \dot{\theta}]$ est la vitesse angulaire du repère mobile, et $\dot{\mathbf{R}}$ celle de translation du centre de masse de la molécule. L'énergie cinétique dans le référentiel fixe, $2T = \sum_\alpha m_\alpha v_\alpha^{L^2}$, fait alors intervenir des termes couplés entre les positions et les vitesses dans le repère O' :

$$2T = \dot{\mathbf{R}}^2 \sum_\alpha m_\alpha + \sum_\alpha m_\alpha (\omega \wedge \mathbf{x}_\alpha)^2 + \sum_\alpha m_\alpha \mathbf{v}_\alpha^2$$
$$+ 2\dot{\mathbf{R}} \cdot (\omega \wedge \sum_\alpha m_\alpha \mathbf{x}_\alpha) + 2\dot{\mathbf{R}} \cdot \sum_\alpha m_\alpha \mathbf{v}_\alpha + 2\omega \cdot \sum_\alpha m_\alpha \mathbf{x}_\alpha \wedge \mathbf{v}_\alpha \quad (3.41)$$

Ce terme est plus complexe que dans l'hamiltonien supposé dans (2.1) ou (2.16), qui a servi à déterminer les équations du mouvement et à définir les modes normaux comme des combinaisons linéaires des coordonnées cartésiennes. Le changement de référentiel a pour objectif de supprimer ces termes de couplages, afin de s'approcher de la forme (2.1 ou 2.16).

Le vecteur $\mathbf{R}$ est choisi comme le centre de masse du système, $\mathbf{R} = 1/M \sum_\alpha m_\alpha \mathbf{x}_\alpha^L$, où M est la masse totale du système. En utilisant cette définition dans (3.39), on obtient 3 relations vérifiées par les positions et les vitesses dans le repère mobile O' :

$$\sum_\alpha m_\alpha \mathbf{x}_\alpha = 0 \Rightarrow \sum_\alpha m_\alpha \dot{\mathbf{x}}_\alpha = 0 \quad (3.42)$$

Ces conditions définissent 3 relations linéaires pour les positions et les vitesses, pas suffisamment pour définir complètement le nouveau système de coordonnées. Si la molécule était parfaitement rigide, le repère mobile pourrait y être attaché de manière fixe, mais tous les atomes vibrent

3.2. Repère fixe et conditions d'Eckart

autour de leurs positions moyennes. Le référentiel qui annulerait tous les termes de couplage de l'équation (3.41) ne peut pas être défini sur une configuration seule, mais dépend de l'ensemble de la trajectoire [3]. Cette difficulté a donné lieu à de nombreux articles et discussions entre Eckart et Van Vleck dans les années 30 [77, 78]. Il en ressort qu'il est possible de minimiser ces termes en annulant les vitesses angulaires du repère mobile calculées sur la configuration d'équilibre. Les relations sur les vitesses s'expriment alors comme :

$$\sum_\alpha m_\alpha \, \mathbf{x}_\alpha^0 \wedge \mathbf{v}_\alpha = 0 \qquad (3.43)$$

Cela revient à peu près, mais pas exactement [4], à s'assurer qu'il n'y ait pas de vitesse angulaire dans ce repère. Cette approximation est valable pour de faibles valeurs des déplacements ρ en remplaçant x_α, y_α et z_α par leurs valeurs à l'équilibre. Un choix très pratique, mais pas nécessaire, est d'aligner les axes principaux d'inertie de la molécule avec les axes du repère. 3 contraintes supplémentaires sont imposées sur les positions :

$$\sum_\alpha m_\alpha \, x_\alpha y_\alpha = \sum_\alpha m_\alpha \, x_\alpha z_\alpha = \sum_\alpha m_\alpha \, y_\alpha z_\alpha = 0 \qquad (3.44)$$

Dans la présentation de l'implémentation nous développerons ce point. Dans le référentiel fixe, ces 6 conditions permettent de simplifier l'expression de l'énergie cinétique (3.41) et relations (3.42) :

$$\begin{aligned} 2T &= \dot{\mathbf{R}}^2 \sum_\alpha m_\alpha + \sum_\alpha m_\alpha \, (\omega \wedge \mathbf{x}_\alpha)^2 + \sum_\alpha m_\alpha \, \mathbf{v}_\alpha^2 \\ &\quad + 2\omega \cdot \sum_\alpha m_\alpha \, \rho_\alpha \wedge \mathbf{v}_\alpha \end{aligned} \qquad (3.45)$$

Le premier terme, l'énergie cinétique de translation, et le second celui de l'énergie de rotation, sont maintenant indépendants des vitesses du référentiel O'. Le troisième est l'énergie de vibration que l'on cherche à isoler. Le dernier terme est le couplage rotation-vibration, l'énergie de Coriolis, qu'on ne peut pas annuler exactement mais qui est minimal dans le référentiel ainsi défini. Dans la méthode NMA, sur une configuration d'équilibre, la molécule est placée dans ce repère avant d'effectuer le calcul du hessien et de résoudre l'équation séculaire. Les 6 modes normaux de fréquence nulle, ou du moins faible, décrivent les mouvements d'ensemble, par la relation d'orthogonalité (2.19) les $3n$-6 autres modes sont des modes de vibration qui n'ont pas de composantes sur ces mouvements.

Pour nos études dynamiques, deux approches ont été envisagées. Dans la première on se contente d'effectuer un changement de repère, en exprimant la trajectoire dans le repère

---
3. Seule une relation sur la dérivée temporelle existe.
4. Dû à l'approximation sur la structure d'équilibre.

lié à la molécule, c'est à dire en imposant seulement les contraintes sur les positions (3.42 et 3.44). Avec $n=2$, les vitesses que nous utilisons dans notre méthode conservent l'ensemble de leurs degrés de liberté. Nous avons également implémenté le changement de référentiel dans lequel on exprime l'ensemble de la trajectoire, positions et vitesses, dans ce référentiel. Les vitesses ne contiennent alors que des composantes de vibration, et les mouvements d'ensemble sont bien mieux découplés. Les implémentations de ces méthodes, ainsi que des remarques complémentaires sur les propriétés des modes normaux effectifs, conclueront la partie théorique consacrée aux coordonnées cartésiennes.

3.2.1 Changement de repère, implémentation dans le programme

Pour réaliser pratiquement ce changement de repère, on utilise une géométrie optimisée x_α^0, ou une géométrie moyenne issue de la dynamique. Cette molécule est placée en son centre de masse et telle que ses axes principaux d'inertie soient confondus avec les 3 axes cartésiens. Pour cela on diagonalise le tenseur d'inertie $\mathbf{J}$ défini comme :

$$J_{xx} = \sum_\alpha m_\alpha (y_\alpha^{0\,2} + z_\alpha^{0\,2}) \quad J_{yy} = \sum_\alpha m_\alpha (x_\alpha^{0\,2} + z_\alpha^{0\,2}) \quad J_{zz} = \sum_\alpha m_\alpha (x_\alpha^{0\,2} + z_\alpha^{0\,2})$$
$$J_{xy} = J_{yx} = -\sum_\alpha m_\alpha x_\alpha^0 y_\alpha^0 \quad J_{xz} = J_{zx} = -\sum_\alpha m_\alpha x_\alpha^0 y_\alpha^0 \quad \ldots \tag{3.46}$$

La relation (3.44) est ainsi vérifiée pour la configuration d'équilibre.

Une fois la molécule de référence ainsi positionnée, on effectue les changements de repère qui minimisent les distances atomiques avec les configurations instantanées :

$$\min_{\{x_\alpha\}} \sum_\alpha m_\alpha (x_\alpha - x_\alpha^0)^2 \Rightarrow \sum_\alpha m_\alpha (x_\alpha - x_\alpha^0) = \sum_\alpha m_\alpha \rho_\alpha = 0 \tag{3.47}$$

Pour chaque configuration, la minimisation fournit une transformation linéaire, un vecteur de translation et une matrice de rotation, qui est ensuite appliquée aux positions atomiques. Comme la molécule de référence est placée dans son centre de masse, les configurations instantanées et les déplacements ρ_α le sont également. Pour définir l'ensemble de la trajectoire dans ce repère, il faut appliquer les mêmes transformations aux vitesses et à toutes les autres grandeurs vectorielles ou tensorielles, comme les tenseurs de polarisabilité qui feront l'objet du chapitre 4 [5]. La molécule vibre ainsi autour de sa position d'équilibre. Les vitesses ne sont pas modifiées, mais exprimées dans un repère fixe, où il est possible de calculer leurs fonctions de corrélation temporelles et d'extraire un hessien effectif.

---

[5]. Les translations ne modifient pas les vecteurs, seule la rotation doit être appliquée aux vitesses et aux tenseurs.

3.2. Repère fixe et conditions d'Eckart

En appliquant la méthode de localisation dans ce repère nous obtenons à peu près les 6 modes de mouvements d'ensemble attendus aux plus faibles fréquences, entre 0 et 200 cm^{-1}. Elles ne sont pas nulles car ces mouvements sont présents dans la dynamique. Dans l'expression de l'énergie cinétique (3.41), seul le 4ème terme est annulé, les termes de couplages restent importants et les modes normaux comportent encore de faibles composantes de translation et de rotation. Cette approche est envisagée dans l'étude d'un liquide moléculaire, les fréquences obtenues correspondent alors aux mouvements de libration, les vibrations d'une molécule dans sa cage de solvant.

3.2.2 Changement de référentiel

Pour une molécule isolée, ou un soluté dans l'eau, on souhaite minimiser les couplages rotation-vibrations afin de déterminer le plus précisément possible les fréquences, et obtenir des modes normaux qui n'ont pas de composantes de translation ni de rotation. Pour appliquer les conditions d'Eckart, en plus du changement de repère précédent on doit effectuer le changement de référentiel entre O et O'. Cela revient à supprimer les mouvements d'ensemble. Les vitesses $\mathbf{v}_\alpha$ dans ce référentiel sont déduites de $\mathbf{v}_\alpha^L$ par la relation (3.40) :

$$\mathbf{v}_\alpha = \mathbf{v}_\alpha^L - \dot{\mathbf{R}} - \omega \wedge \mathbf{x}_\alpha \tag{3.48}$$

Les termes de vitesse du centre de masse $\dot{\mathbf{R}}$, et de rotation du repère ω, doivent être évalués pour chaque configuration. Il ne reste alors que les mouvements de vibration. Dans l'étape précédente la trajectoire a été placée au centre de masse de la molécule de référence (3.42), et approximativement alignée avec ses axes principaux d'inertie. Dans ce référentiel les vitesses doivent aussi vérifier les relations (3.42) et (3.43)

La vitesse de translation d'ensemble est $\mathbf{v}_{CM} = \frac{1}{M}\sum_\alpha m_\alpha \mathbf{v}_\alpha^L$. Les composantes de translation sont éliminées en les soustrayant aux vitesses atomiques :

$$\sum_\alpha m_\alpha \mathbf{v}_\alpha = \sum_{\alpha=1}^n m_\alpha \left(\mathbf{v}_\alpha^L - \frac{1}{M}\sum_{\alpha=1}^n m_\alpha \mathbf{v}_\alpha^L\right) = 0 \tag{3.49}$$

La vitesse de rotation du repère lié à la molécule est caractérisée par son moment cinétique instantané $\mathbf{b}$. Chaque composante, suivant les troix axes $i = x, y$ et z se calcule à l'aide du tenseur d'inertie $\mathbf{J}$ comme :

$$\mathbf{b} = \mathbf{J}\,\omega \tag{3.50}$$

Rigoureusement le moment cinétique devrait être évalué à l'aide des impulsions et des positions intantanées par :

$$\mathbf{b} = \sum_\alpha \mathbf{x}_\alpha \wedge \mathbf{p}_\alpha \tag{3.51}$$

et la vitesse angulaire déduite de la relation (3.50), en inversant le tenseur d'inertie, également dépendant des positions instantanées.

Dans l'implémentation nous n'avons pas exactement respecté ces définitions. Tant que la molécule est proche de sa position d'équilibre, le tenseur d'inertie est supposé identique à celui de référence $\mathbf{J}^0$, diagonal. En calculant le moment cinétique à l'aide de la configuration de référence :

$$\mathbf{b}' = \sum_\alpha \mathbf{x}_\alpha^0 \wedge \mathbf{p}_\alpha \qquad (3.52)$$

les composantes de la vitesse angulaire sont évaluées par :

$$\omega'_i = b_i / J_{ii}^0 \qquad (3.53)$$

et la vitesses induite aux atomes par la rotation du repère ω est finalement soustraite :

$$\mathbf{v}_\alpha = \mathbf{v}_\alpha^L - \omega' \wedge \mathbf{x}_\alpha^0 \qquad (3.54)$$

Cette méthode est bien plus rapide, le tenseur $\mathbf{J}^0$ n'est évalué qu'une seule fois, et sa forme diagonale simplifie le calcul de ω par une division au lieu d'une inversion de matrice. Bien que deux erreurs minimes soient commises dans ces approximations, sur la vitesse angulaire (3.53) et sur la correction des vitesses (3.54), la conditions d'Eckart (3.43) est tout de même vérifiée :

$$\begin{aligned}\sum_\alpha m_\alpha\, \mathbf{x}_\alpha^0 \wedge \mathbf{v}_\alpha &= \sum_\alpha m_\alpha\, \mathbf{x}_\alpha^0 \wedge \mathbf{v}_\alpha^L - \sum_\alpha m_\alpha\, \mathbf{x}_\alpha^0 \wedge (\omega' \wedge \mathbf{x}_\alpha^0) & (3.55)\\ &= \mathbf{b}' - \mathbf{J}^0 \omega' = 0 & (3.56)\end{aligned}$$

Ces contraintes permettent de déterminer les vitesses $\mathbf{v}_\alpha$ dans le référentiel mobile, et l'énergie cinétique redevient plus proche de la forme souhaitée :

$$2T = \sum_\alpha m_\alpha \mathbf{v}_\alpha^2 + \sum_\alpha m_\alpha \rho_\alpha \wedge \mathbf{v}_\alpha \qquad (3.57)$$

où le terme de Coriolis, est minimal et négligé pour de faibles déplacements.

3.2.3 Conséquence sur la diagonalisation

Comme nous l'avons déjà évoqué, le problème SEVPG de la forme $\mathbf{AZ} = \mathbf{BZ\Lambda}$ n'admet de solutions que si la matrice $\mathbf{B}$ est définie positive.

Si un changement de repère est appliqué, les mouvements de translation et de vibration sont encore présents dans les vitesses, la matrice $\mathbf{K}_p^{(0)}$ est alors bien définie et possède $3n$ valeurs propres positives, les 6 plus faibles correspondantes aux mouvements d'ensemble. Après

3.2. Repère fixe et conditions d'Eckart

un changement de référentiel, on s'attend à obtenir 6 valeurs propres exactement nulles pour $\mathbf{K}^{(0)}$. Les approximations numériques conduisent bien à des valeurs très faibles, mais pour certaines négatives. Cela rend impossible la résolution du système d'équations. La solution adoptée consiste à ajouter à $\mathbf{K}^{(0)}$, "à la main", les termes de translation et de rotation qui ont été supprimés. Les translations sont caractérisées par un déplacement identique de chacun des atomes. Le vecteur d'impulsion associé peut alors être représenté par des vecteurs $\mathbf{T}_\beta$, $\beta = x$, y ou z, suivant les 3 axes du repère :

$$\mathbf{T}_x = \begin{pmatrix} m_1 \\ 0 \\ 0 \\ m_2 \\ 0 \\ 0 \\ \vdots \end{pmatrix} \quad \mathbf{T}_y = \begin{pmatrix} 0 \\ m_1 \\ 0 \\ 0 \\ m_2 \\ 0 \\ \vdots \end{pmatrix} \quad \mathbf{T}_z = \begin{pmatrix} 0 \\ 0 \\ m_1 \\ 0 \\ 0 \\ m_2 \\ \vdots \end{pmatrix} \tag{3.58}$$

Une matrice carrée et symétrique, similaire à $\mathbf{K}_p^{(0)} = \beta < p_i p_j >$, peut être construite pour un mouvement de translation suivant l'un des axes comme $\mathbf{T}_\beta \mathbf{T}_\beta^T$. Par souci d'homogénéité, pour que cette matrice ait la dimension d'une masse on va considérer $\mathbf{T}\, \mathbf{M}^{-1}\, \mathbf{T}^T$, où $M\, \mathbf{I}_{3n}$ est une matrice qui contient la masse totale du composé sur sa diagonale. Ce terme n'est qu'un facteur multiplicatif.

Une rotation autour d'un des 3 axes du repère induit un déplacement atomique $\mathbf{e}_\beta \wedge \mathbf{x}_\alpha$, avec $\mathbf{e}_\beta$ un vecteur unitaire du repère. Pour l'ensemble de la molécule placée en son centre de masse, on construit 3 vecteurs de rotation $\mathbf{R}_\beta$ avec ces éléments. Pour simplifier certaines notations on introduit également une matrice globale de rotation $\mathbf{R}$ de taille [$3n$,3], formée des vecteurs de rotation $\mathbf{R}_\beta$:

$$R_{i\beta} = m_i\, \mathbf{e}_\beta \wedge \mathbf{x}_i \tag{3.59}$$

Une matrice symétrique $\mathcal{R} = \mathbf{R}\mathbf{J}^{-1}\mathbf{R}^T$ est définie à l'aide du tenseur d'inertie $\mathbf{J}$. Les éléments de cette matrice ont bien aussi la dimension d'une masse. Cette matrice peut être réécrite sous la forme d'une somme sur les vecteurs de rotations :

$$\mathcal{R}_{\gamma\delta} = \sum_{i,j} R_{\gamma i}\, J_{ij}^{-1}\, R_{\delta j}^T \tag{3.60}$$

Dans le cas général, contrairement aux translations ce tenseur est nécessaire car les rotations ne sont pas indépendantes. Lorsque les axes principaux de la molécule sont alignés avec les axes du repère il est diagonal, et ce terme redevient un simple facteur multiplicatif. Une justification de la forme de ces matrices sera discutée dans la suite.

La matrice $\mathbf{B}$ est réécrite comme la somme de $\mathbf{K}_p^{(0)}$ et des 4 matrices précédentes :

$$\mathbf{B} = \mathbf{K}_p^{(0)} + \left(\mathbf{T}_x\mathbf{M}^{-1}\mathbf{T}_x^T + \mathbf{T}_y\mathbf{M}^{-1}\mathbf{T}_y^T + \mathbf{T}_z\mathbf{M}^{-1}\mathbf{T}_z^T + \mathcal{R}\right) \quad (3.61)$$

Elle représente les termes d'énergie cinétique quadratiques associés aux translations et aux rotations d'ensemble. Le système d'équations est alors correctement défini, nous allons voir que 6 valeurs propres sont effectivement nulles, et que les modes de vibration vérifient alors les conditions d'Eckart.

3.2.4 Conditons d'Eckart sur les vecteurs propres

Tout d'abord, vérifions que les modes de translation et de rotation sont des vecteurs propres du système d'équations aux valeurs propres généralisé. En utilisant comme coordonnées les impulsions et le choix $n=2$ pour la fonctionnelle, les modes normaux sont directement exprimés en fonction des dépalcements en coordonnées cartésiennes.

L'amplitude des translations $\mathbf{T}'_\beta$, notée γ pour le moment, sera déterminée dans la suite. Comme précédemment on les choisit parrallèles aux axes du repère :

$$\mathbf{T}'_x = \begin{pmatrix} \gamma \\ 0 \\ 0 \\ \gamma \\ 0 \\ 0 \\ \vdots \end{pmatrix} \quad \mathbf{T}'_y = \begin{pmatrix} 0 \\ \gamma \\ 0 \\ 0 \\ \gamma \\ 0 \\ \vdots \end{pmatrix} \quad \mathbf{T}'_z = \begin{pmatrix} 0 \\ 0 \\ \gamma \\ 0 \\ 0 \\ \gamma \\ \vdots \end{pmatrix} \quad (3.62)$$

En utilisant les définitions des matrices $\mathbf{K}$, et la contrainte (3.42) sur les vitesses, on vérifie que :

$$(K^{(0)} T'_x)_i = K^{(0)}_{ij} (T'_x)_j = \sum_j <p_i\, p_j> (T'_x)_j = 0 \quad (3.63)$$

$$(K^{(2)} T'_x)_i = \sum_j <\dot{p}_i \dot{p}_j> (T'_x)_j = 0 \quad (3.64)$$

Ces vecteurs sont donc des modes propres du SEVPG, avec une valeur propre nulle. Les rotations $\mathbf{R}'_x$, $\mathbf{R}'_y$ et $\mathbf{R}'_z$, sont choisies autour des axes du repère. Par exemple pour celle autour de l'axe x le déplacement de chacun des atomes est données par $\mathbf{e}_x \wedge \mathbf{x}^0_\alpha$, soit explicitement pour l'ensemble

3.2. Repère fixe et conditions d'Eckart

de la molécule :

$$\mathbf{R}'_x = \begin{pmatrix} 0 \\ -\gamma z_0 \\ \gamma y_0 \\ 0 \\ -\gamma z_1 \\ \gamma y_1 \\ \vdots \end{pmatrix} \tag{3.65}$$

A l'aide de la relation (3.43) on montre qu'ils sont aussi des vecteurs propres :

$$(K^{(0)} \, R'_x)_i = (K^{(2)} \, R'_x)_i = \gamma < p_i \sum_\alpha (p_{z,\alpha} y^0_\alpha - p_{y,\alpha} z^0_\alpha) >= 0 \tag{3.66}$$

Ces 6 vecteurs sont des solutions du SEVPG avec une valeur propre nulle dégénérée. Toute combinaison linéaire de ces modes est donc aussi une solution.

Une contrainte de normalisation et d'orthogonalié a également été imposée sur les solutions (3.29). Pour des translations suivant les axes α et β, on vérifie :

$$\mathbf{T}'_\alpha \, \mathbf{B} \, \mathbf{T}'_\beta = \mathbf{T}'_\alpha \, (\mathbf{T}_x \mathbf{M}^{-1} \mathbf{T}^T_x) \, \mathbf{T}'_\beta = \gamma^2 M \delta_{\alpha,\beta} \tag{3.67}$$

car tous les autres termes, $\mathbf{K}^0_p \mathbf{T}'_\alpha$, ou $\mathbf{R}^T_\alpha \mathbf{T}'_\beta$ [6] sont nuls. On en déduit que $\gamma = 1/\sqrt{M}$, et qu'ils sont unitaires en coordonnées massiques :

$$\sum_\alpha (\frac{m_\alpha}{\sqrt{M}})^2 = 1 \tag{3.68}$$

Pour une rotation autour de β appliquée sur un vecteur propre $\mathbf{R}'_\gamma$ on obtient [7]

$$\begin{aligned} \mathbf{R}^T_\beta \mathbf{R}'_\gamma &= \gamma \sum_i^{3n} m_i (\mathbf{e}_\beta \wedge \mathbf{x}^0_i).(\mathbf{e}_\gamma \wedge \mathbf{x}_i) \\ &= \gamma \sum_i^{3n} m_i (\mathbf{x}^0_i \wedge (\mathbf{e}_\beta \wedge \mathbf{x}^0_i)).\mathbf{e}_\gamma = \gamma J_{\beta\gamma} \end{aligned} \tag{3.69}$$

un couplage entre les rotations, via le tenseur d'inertie. La contrainte s'écrit alors :

$$\begin{aligned} \mathbf{R}'^T_\alpha \, \mathcal{R}^T \, \mathbf{R}'_\beta &= \mathbf{R}'^T_\alpha \, \mathbf{R} \, \mathbf{J}^{-1} \, \mathbf{R}^T \mathbf{R}'_\beta \\ &= \gamma^2 \, J_{\alpha j} \, J^{-1}_{ji} J_{i\beta} = \gamma^2 J_{\alpha\beta} \end{aligned} \tag{3.70}$$

Elle n'est pas respectée pour ces vecteurs propres, mais le résultat nous indique que l'on doit chercher une rotation autour des axes principaux qui diagonalisent ce tenseur.

---

6. Car le repère est placé au centre de masse de la molécule.
7. $(a \wedge b).(c \wedge d) = (a \wedge (b \wedge c)).c$

Soit **L** une rotation unitaire et inversible, la matrice de passage entre le repère (O,x,y,z) et celui des axes principaux (O,x',y',z') qui vérifie :

$$\mathbf{L}^T \mathbf{J} \mathbf{L} = \mathbf{J}^0 \text{ avec } \mathbf{L}^T = \mathbf{L}^{-1} \tag{3.71}$$

La rotation autour d'un des axes d'inertie $\mathbf{R}'_{\beta'}$ est calculées à l'aide des vecteurs propres du tenseur $\mathbf{l}_{\beta'}$, et reliée à celles autour des axes du repère par :

$$\begin{aligned}
\mathbf{R}'_{\beta'} &= \mathbf{l}_{\beta'} \wedge \mathbf{x}^0 = (\sum_\beta L_{\beta\beta'} \mathbf{e}_\beta) \wedge \mathbf{x}^0 \\
&= \sum_\beta L_{\beta\beta'} \mathbf{R}'_\beta
\end{aligned} \tag{3.72}$$

Avec la notation matricielle que nous avons utilisé pour définir la matrice globale de rotation, on doit écrire :

$$R'_{i\beta'} = \sum_\beta L_{\beta\beta'} R'_{i\beta} \Leftrightarrow \mathbf{R}'_{x'} = \mathbf{R}'_x \mathbf{L} \tag{3.73}$$

L'expression (3.69) devient :

$$\mathbf{R}^T_\beta \mathbf{R}'_{\gamma'} = \gamma \, L_{\gamma\gamma'} \, J_{\beta\gamma} \text{ ou } (\mathbf{R}^T \, \mathbf{R}'_{\gamma'})_i = \gamma \, L_{\gamma\gamma'} \, J_{i\gamma} \tag{3.74}$$

et la contrainte de normalisation est alors vérifiée :

$$\begin{aligned}
\mathbf{R}'^T_{\alpha'} \mathcal{R}^T \mathbf{R}'_{\beta'} &= \mathbf{R}'^T_{\alpha'} \mathbf{R} \, \mathbf{J}^{-1} \, \mathbf{R}^T \mathbf{R}'_{\beta'} \\
&= \gamma^2 L_{\alpha\alpha'} \, J_{\alpha j} \, J^{-1}_{ji} L_{\beta\beta'} J_{i\beta} \\
&= \gamma^2 (\mathbf{L}^T \mathbf{J} \mathbf{L})_{\alpha'\beta'} \\
&= \gamma^2 \, J^0_{\alpha'\beta'} \, \delta_{\alpha'\beta'}
\end{aligned} \tag{3.75}$$

Les axes principaux d'inertie sont donc les trois vecteurs propres qui vérifient le SEVPG et les contraintes d'orthonormalité. Avec cette dernière expression on obtient également les préfacteurs des modes normaux. En coordonnées massiques on obtient également des modes normalisés :

$$\sum_i \left(\frac{m_i \, (\mathbf{e}_\beta \wedge \mathbf{x})_i}{\sqrt{J^0_{\beta\beta}}} \right)^2 = 1 \tag{3.76}$$

Notons $\mathbf{Y}_k$, les $3n-6$ autres vecteurs propres, de fréquences λ_k différentes de 0. La condition de normalisation entre un de ces modes et une translation suivant l'axe β donne :

$$\begin{aligned}
\mathbf{Y}^T \mathbf{B} \, \mathbf{T}'_\beta &= \mathbf{Y}^T \, (\mathbf{T}_\beta M^{-1} \mathbf{T}^T_\beta) \, \mathbf{T}'_\beta = 0 \\
\Leftrightarrow \sum_\alpha Y_{\beta,\alpha} \, m_\alpha &= 0
\end{aligned} \tag{3.77}$$

3.3. Applications en coordonnées cartésiennes

Les modes normaux vérifient un centre de masse fixe. De même avec une rotation autour d'un axe principal β', on a :

$$\mathbf{Y}^T \mathbf{B} \mathbf{R}'_{\beta'} = (\mathbf{Y}^T \mathbf{R} \mathbf{J}^{-1})_i \frac{L_{\beta\beta'}}{\sqrt{J_{\beta\beta}}} J_{i\beta}$$
$$\Leftrightarrow \quad L_{\beta\beta'} (\mathbf{Y}^T \mathbf{R}) \quad (3.78)$$

$\mathbf{L}$ est inversible, ce sytème d'équations est une combinaison linéaire des termes $\mathbf{Y}^T \mathbf{R}_\gamma$, dont chaques composantes doivent s'annuler :

$$\mathbf{Y}^T \mathbf{R}_\gamma = \sum_i m_i \mathbf{Y}.(\mathbf{e}_\gamma \wedge \mathbf{x}_i) = \mathbf{0} \Leftrightarrow \sum_\alpha m_\alpha (\mathbf{x}_\alpha \wedge \mathbf{Y}_\alpha).\mathbf{e}_\gamma = 0 \quad (3.79)$$

Pour chacun des axes les modes normaux vérifient les conditions d'Eckart.

Les modes normaux, extraits par la méthode de localisation des modes et effectuée dans le référentiel Eckart, ne possèdent donc pas de composantes de translation ni de rotation. Par contre, les 6 vecteurs propres qui ont des valeurs propres nulles sont des combinaisons linéaires des mouvements d'ensemble car leurs valeurs propres sont dégénérées.

3.3 Applications en coordonnées cartésiennes

3.3.1 Formaldéhyde

La molécule de formaldéhyde (H_2CO) représentée sur la figure (3.1) est notre molécule modèle de petite taille. Elle est de façon générale utilisée pour la mise au point ou la comparaison de nouvelles méthodes en chimie théorique. Ses propriétés spectrales électroniques et vibrationnelles sont très bien connues et utiles en cosmologie, car sa formation est importante dans les étoiles assez agées pour que l'on y trouve des atomes de carbone et d'oxygène. Son intérêt biologique, à ma connaissance, se limite à sa présence dans la fumée inhalée par les fumeurs et leurs entourages.

J'ai effectué une dynamique Car-Parrinello de 7 ps de cette molécule en phase gazeuse, pour avoir une dynamique de référence. A une faible température de 30 K, on s'attend à ce que la dynamique soit harmonique car la molécule est peu flexible et reste très proche de sa géométrie d'équilibre.

La figure (3.2) représente les spectres de puissance des modes normaux (3.4), après avoir résolu le SEVPG (3.33) dans le repère lié à la molécule. Sur le schéma de gauche les spectres des 6 mouvements d'ensemble sont représentés. Ils apparaissent à de faibles fréquences, entre 0 et

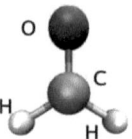

FIGURE 3.1 : Formaldéhyde, H$_2$CO

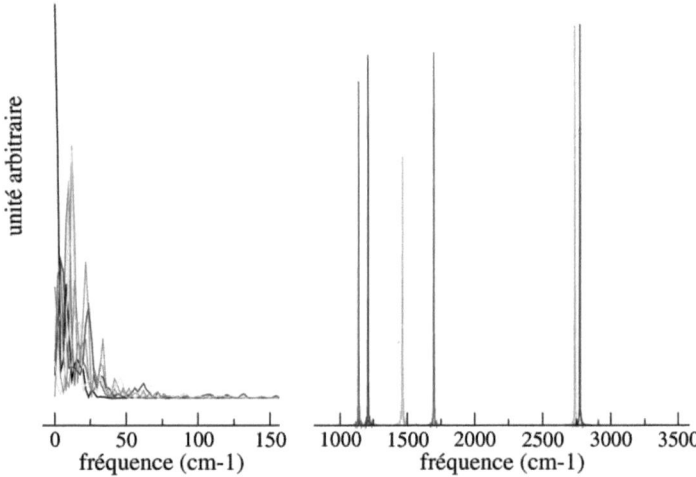

FIGURE 3.2 : Spectre du formaldéhyde décomposé, à gauche les mouvements d'ensemble et à droite les VDOS des modes normaux effectifs

100 cm^{-1}, et sont peu localisés mais bien séparés des modes de vibrations à droite. Ces derniers sont par contre parfaitement localisés, leurs très faibles largeurs démontrent l'harmonicité des mouvements dans la dynamique. Les modes normaux effectifs sont dessinés sur la figure (3.3) (en orange), et comparés à ceux déterminés par la méthode statique NMA (en bleu), également effectuée avec CPMD par différence finie pour le calcul du hessien. Pour faciliter la représentation des modes nous avons schématisé les impulsions, plutôt que les déplacements. Cela veut dire que les déplacements des modes déterminés par la méthode de localisation (3.37) ont été multipliés par la masse atomique, et ceux de NMA calculés en coordonnées réduites par l'équation séculaire (2.5) par la racine de leurs masses. Ce choix permet d'exagérer les déplacements des atomes lourds (C et O), qui sinon seraient peu discernables, ainsi que de se convaincre

3.3. Applications en coordonnées cartésiennes

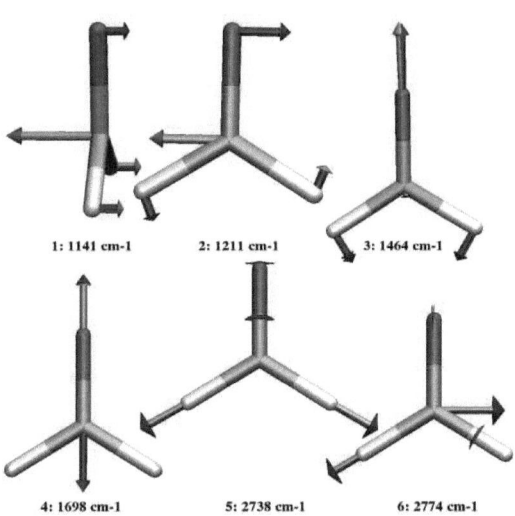

FIGURE 3.3 : Comparaison des modes normaux de H_2CO, par analyse vibrationnelle (NMA en bleu) et par la méthode de localisation des modes (orange)

visuellement que les modes vérifient un centre de masse fixe et une rotation d'ensemble faible. L'accord est excellent pour les directions des déplacements atomiques, et leurs amplitudes relatives ; la normalisation est identique et effectuée par un programme extérieur. Les valeurs des fréquences sont indiquées dans le tableau (3.1). Les fréquences données par $<\omega>_{Pq}$ sont les valeurs moyennes des spectres de puissances, $\sqrt{<\omega>^2_{Pq}}$ celles des valeurs propres de $\mathbf{K}^{(2)}$ déterminées par la résolution de SEVPG. Ces dernières sont toujours supérieures, mais sur cet exemple quasi-harmonique les spectres sont très étroits, les différences ne sont que de 1 à 2 cm^{-1}. L'analyse en mode normaux (NMA) indique des valeurs supérieures, et ce d'autant plus que les fréquences sont élevées. Pour le domaine de 1000 à 2000 cm^{-1} cela est certainement dû à un défaut d'équilibration de la dynamique. La masse fictive des électrons μ, fixée à 200 m.a.u, est responsable des différences observées pour les stretchs C-H autour de 2800 cm^{-1}.

3.3.2 Molécules d'eau dans l'eau à 300 K

Nous avons appliqué la méthode sur une dynamique Car-Parrinello de 2.8 ps d'eau liquide composée de 32 molécules, à température et densité standards (277 K, 1g/cm^3). En phase liquide, l'absorption infrarouge est sensible aux mouvements de libration des molécules. Ce sont

Mode	1	2	3	4	5	6	7	8	9	10	11	12
Repère												
$\sqrt{<\omega>^2_{Pq}}$	15.71	32.02	48.49	77.45	91.69	120.05	1141.5	1211.2	1464.0	1697.4	2738.8	2777.4
$<\omega>_{Pq}$	5.5	13.5	21.8	32.6	30.2	32.3	1140.5	1.210.2	1461.9	1697.4	2.738.4	2776.3
NMA	-269.9	-105.9	0.000	0.000	0.000	36.5	1146.3	1225.9	1509.4	1722.7	2797.2	2832.2

TABLE 3.1 : Valeurs des fréquences déterminées par la méthode de localisation après un changement de repère et comparées à l'analyse en mode normaux (NMA) sur la configuration d'équilibre.

des mouvements de vibration d'ensemble de chacune des molécules, influencés par le solvant environnant. Ces vibrations modifient le moment dipolaire total de l'échantillon et fournissent des signatures spectroscopiques caractéristiques des liaisons hydrogènes fortes entre les molécules d'eau. Dans l'analyse on compare les fréquences obtenues avec un changement de repère et un changement de référentiel (partie 3.2). Les fonctions de corrélation nécessaires aux calculs des matrices $\mathbf{K}_p^{(0)}$ et $\mathbf{K}_p^{(2)}$ sont moyennées sur les 32 molécules d'eau afin d'obtenir une statistique plus importante. La figure (3.4) représente les spectres de puissance des coordonnées normales, les trois modes normaux de vibration et quelques mouvements d'ensemble en coordonnées cartésiennes. Les 3 modes de translation sont respectivement calculés à 146, 237 et 300 cm^{-1} et les 3 modes de rotations à 634, 729 et 784 cm^{-1}, à des fréquences plus élevées. Les modes de vibrations : un bending (1577 cm^{-1}), un stretch symétrique (2968 cm^{-1}) et antisymétrique (3094.0 cm^{-1}), sont bien découplés à des fréquences plus élevées. Les bandes sont de largeurs importantes comparées à celles obtenues pour le formaldéhyde à basse température et en phase gazeuse. Les spectres de puissance s'étendent sur une gamme de fréquence de 400 à 600 cm^{-1} pour les mouvements d'ensemble et sur presque 1000 cm^{-1} pour les stretchs O-H. C'est une manifestation des effets anharmoniques dus aux liaisons hydrogènes entre les molécules d'eau. Une conséquence est la différence des valeurs des fréquences calculées comme $\sqrt{<\omega>^2_{Pq}}$ ou $<\omega>_{Pq}$ dans le tableau (Tab. 3.2). Les anharmonicités sont donc bien encore présentes quand la dynamique est exprimée en coordonnées normales effectives, la contrainte de normalisation (3.5) n'empêche pas le recouvrement des spectres, elle assure seulement un découplage nul en moyenne sur l'ensemble du spectre. Dans le tableau (3.2), nous comparons les fréquences calculées avec un changement de repère et de référentiel. Dans le premier cas, avec un changement de repère les vitesses d'ensembles sont encore présentes, on a accès aux mouvements de libration des molécules dans le liquide moléculaire et aux mouvements atomiques associés. Dans le second cas, on a supprimé les mouvements d'ensemble sur les vitesses et utilisé la matrice $\mathbf{B}$ (3.61) pour définir la matrice $\mathbf{K}^{(0)}$. Les 6 premières fréquences sont alors exactement nulles. Nous avons également vérifié que les modes normaux ne contiennent plus de composantes de translation et de rotation.

3.3. Applications en coordonnées cartésiennes

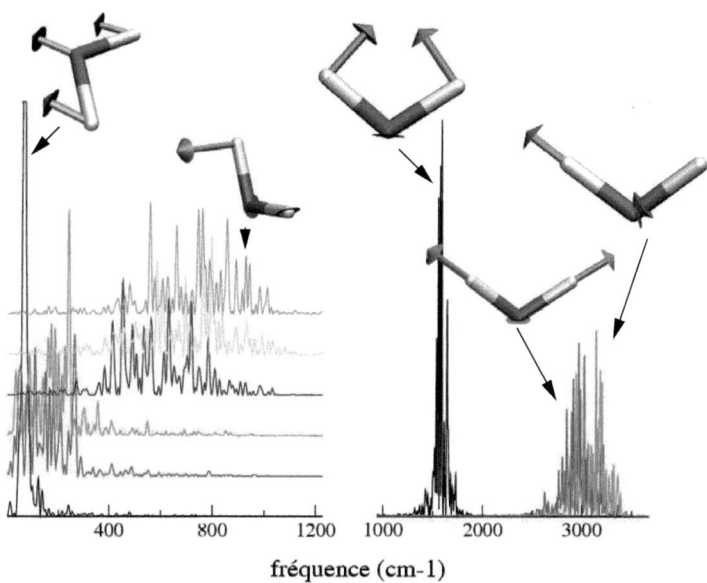

FIGURE 3.4 : Spectre vibrationnel décomposé d'une molécule d'eau dans l'eau et les modes normaux associés à une translation, une rotation et aux trois vibrations.

mode	1	2	3	4	5	6	7	8	9
Repère									
$\sqrt{<\omega>^2_{Pq}}$	145.7	237.2	300.0	633.7	728.6	768.3	1577.3	2968.1	3094.0
$<\omega>_{Pq}$	89.2	180.4	226.6	595.2	685.9	729.7	1569.1	2955.4	3085.3
Référentiel									
$\sqrt{<\omega>^2_{Pq}}$	$4e^{-5}$	$3e^{-5}$	$7e^{-10}$	$4e^{-14}$	$7e^{-7}$	$2e^{-5}$	1575.7	2968.0	3093.8
$<\omega>_{Pq}$	$3e^{-21}$	$3e^{-23}$	$1e^{-31}$	$3e^{-24}$	$2e^{-24}$	$2e^{-21}$	1566.7	2955.2	3085.5

TABLE 3.2 : Valeurs des fréquences déterminées par la méthode de localisation dans le repère et dans le référentiel lié à la molécule.

3.3.3 Uracile en phase aqueuse

La dernière application présentée en coordonnées cartésiennes est la molécule d'uracile, une base nucléique des ARN. C'est un composé organique cyclique, étudié par M.P.Gaigeot et M.Sprik en phase liquide et gazeuse par dynamique Car-Parrinello [8, 47]. La molécule est peu flexible à 300 K, les interactions avec les molécules d'eau du solvant fragiles, énergétiquement peu fortes et de courtes durées. En conséquence les spectres présentés sur la figure (3.5) sont globalement bien localisés. Seuls quelques modes aux faibles fréquences, par nature plus anharmoniques, et particulièrement les deux stretchs N-H ont des largeurs plus importantes. Les atomes d'hydrogènes de ces groupes forment des liaisons épisodiques avec les oxygènes des molécules d'eau du solvant. Quatre modes normaux effectifs sont illustrés sur la figure (3.6).

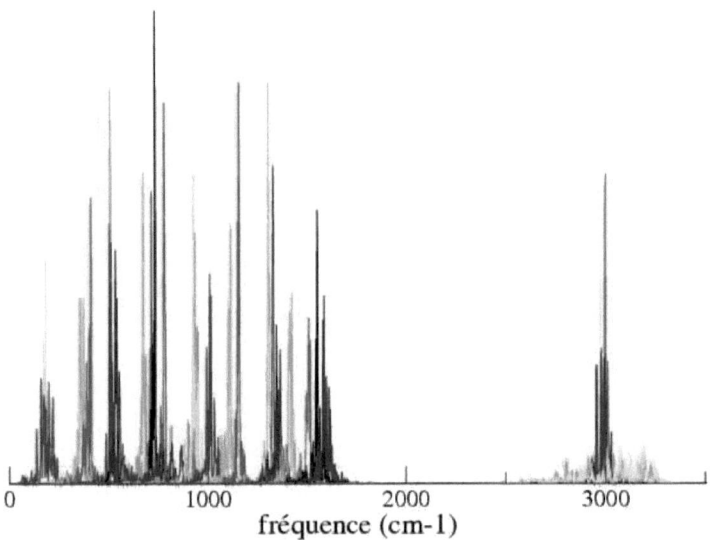

FIGURE 3.5 : Décompostion du spectre de l'uracile hydratée à 300K.

Aux faibles fréquences, ce sont principalement des déformations du cycle (513 cm^{-1}). A 971 cm^{-1} est représenté le mouvement hors-plan d'un hydrogène. Le mode à 1593 cm^{-1} correspond au stretch d'un groupe C=O, et à 3017 cm^{-1} celui d'un des stretchs N-H.

Sur trois systèmes moléculaires différents, une molécule en phase gaseuse, l'eau liquide, et un soluté immergé dans un solvant, la méthode de localisation montre sa capacité à extraire les fréquences et les modes normaux de vibration. Leur point commun et la limitation des études présentées ici est une certaine rigidité du composé qui permet de définir une géométrie moyenne et d'exprimer la trajectoire dans un repère fixe. Pour étendre la méthode à une plus grande variété de molécules, nous devons la généraliser aux coordonnées internes. C'est ce qui est maintenant présenté.

3.4. Développement en coordonnées internes   79

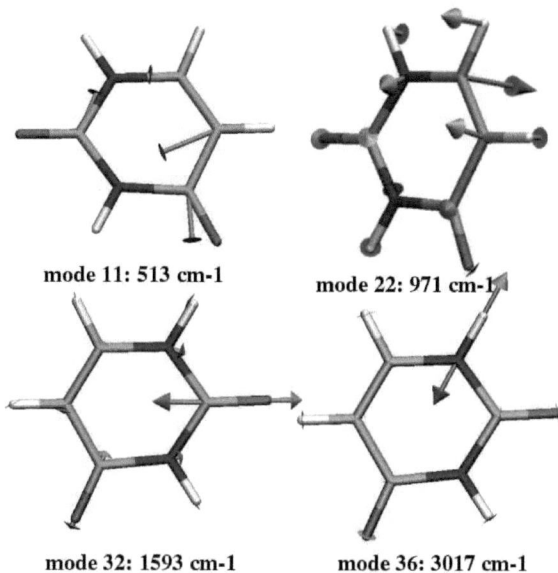

FIGURE 3.6 : 4 modes effectifs de l'uracile hydratée à 300K.

3.4 Développement en coordonnées internes

Un jeu de coordonnées interne est tout à fait adapté lorque l'on traite de composés moléculaires. C'est ainsi que l'ensemble des champs de force classiques (Charmm22, Amber96, Gromos...) sont décrits. Il possède aussi d'autres avantages. Lorsque l'on cherche à optimiser la géométrie d'une molécule on obtient un gain de temps important, les algorithmes convergent beaucoup plus rapidement [79, 80, 81]. Réaliser une dynamique complète est aussi actuellement possible et permet d'utiliser des pas de temps plus importants sans perte de précision [82] quand les strechs de hautes fréquences (X-H) sont constraints sur de grands systèmes. Nous verrons dans le cas fucose que les spectres VDOS sont déjà mieux localisés en fréquence dans ce système de coordonnées (6.4).

De plus, les coordonnées internes permettent de décrire la dynamique indépendamment du référentiel de la boîte de simulation. Dans le cas des molécules déformables, par exemple lorsqu'un groupe CH_3 pivote sur lui-même, il devient fastidieux d'appliquer les conditions d'Eckart car les groupes doivent être traités séparément pour être ramenés à une position de référence. Dans un premier temps il faudrait superposer les atomes qui se déplacent peu, puis ensuite appliquer une rotation sur les hydrogènes. Il est de cette façon possible, mais difficile d'imposer un centre de masse fixe et la relation équivalente sur les vitesses sans biaiser la dynamique. Pour des molécules plus complexes, cela devient irréalisable. De plus ce jeu de coordonnées est celui naturel de la spectroscopie, les modes normaux sont directement comparables aux attributions qui sont établies expérimentalement, en terme de mouvements caractéristiques mais aussi de quantification. Nous privilégeons dans les applications une alternative qui utilise des combinaisons linéaires des coordonnées naturelles construites à partir de la topologie du système moléculaire. Elle est particulièrement bien adaptée pour décrire les modes de vibration, qui sont étroitement liés aux symétries moléculaires.

Mais certains aspects rendent son utilisation peu pratique. La définition même d'un ensemble de coordonnées pour une molécule n'est pas unique, les constantes de forces et autres grandeurs associées à la géométrie dépendent de ce choix initial. Bien que traité depuis de nombreuses années cette problématique fait toujours l'attention de nombreux articles [83, 84], où par exemple Martinez-Torrez développe une méthode pour définir un champs de force canonique afin de pouvoir comparer différents champs de force et à termes rendre transférable leurs valeurs.

3.4.1 Coordonnées naturelles localisées

Dans les coordonnées dites naturelles on intègre les stretchs, bonds et torsions entre atomes liés par des liaisons covalentes. Il est aussi possible d'inclure l'ensemble des distances ou des angles entre 2 ou 3 atomes, dans des coordonnées généralisées. L'utilisation des Z-matrices a aussi été envisagée, utilisées dans de nombreux programmes les positions atomiques sont décrites à l'aide d'une distance de liaison, d'un angle et d'un dièdre par rapport aux atomes placés précedemment. Les méthodes de construction de ces deux jeux de coordonnées sont simples, mais la nature explicite des liaisons est perdue. Nous nous limitons aux coordonnées naturelles (Fig 3.7) et utilisons les techniques et dénominations développées par Wilson et Decius [50]. Ces coordonnées ont déjà été présentées dans l'introduction, nous allons les définir rigoureuseusement, ainsi que les transformations qui permettent de passer des coordonnées cartésiennes aux coordonnées internes, et réciproquement.

Deux relations vont être décrites précisément pour chaque coordonnée t. D'une part la valeur des coordonnées internes S_t, longueurs de liaisons ou angles, en fonction des coordonnées cartésiennes $\mathbf{x}$. D'autre part leur variation en fonction d'un déplacement atomique $\Delta S_t = F(\Delta \mathbf{x})$. Tant que l'amplitude des vibrations est faible, les déplacements sont considérés infinitésimaux et seuls les termes du premier ordre ont besoin d'être calculés.

3.4. Développement en coordonnées internes   81

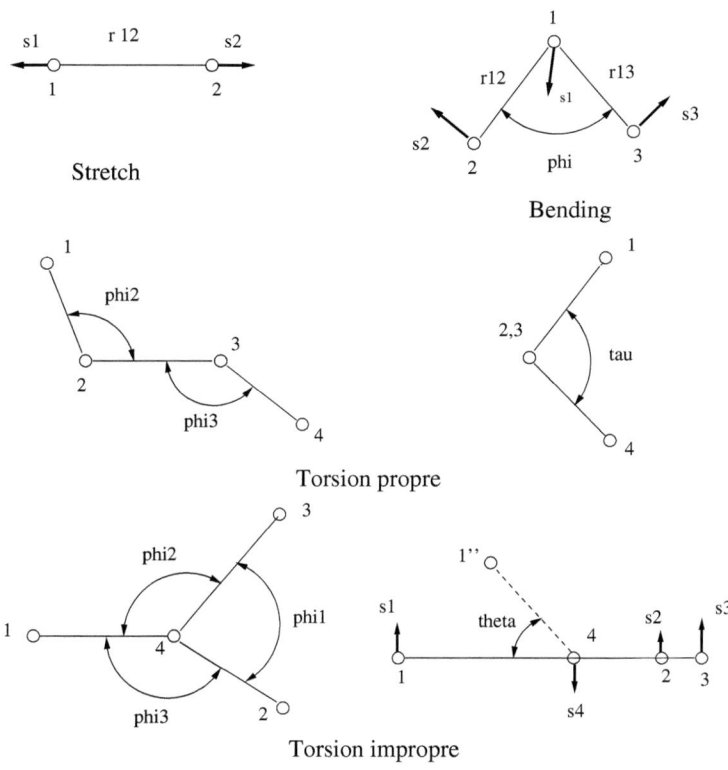

FIGURE 3.7 : Coordonnées internes

On peut mettre en place des règles relativement simples pour construire cette transformation. Si on déplace l'atome α d'un vecteur ρ_α en laissant les autres atomes à leurs positions d'équilibre, le vecteur $\mathbf{s}_{t\alpha}$ aura pour direction celle qui accroît le plus la coordonnée S_t. Son module $|\mathbf{s}_{t\alpha}|$ est égal à l'augmentation de S_t lorsqu'on applique un déplacement unitaire dans cette direction. Les vecteurs $\mathbf{s}_{t\alpha}$ sont indiqués pour chaque type de mouvement sur la figure (3.7). L'avantage de cette notation est qu'il n'est pas nécessaire de préciser les axes du repère. On écrit la variation d'une coordonnée interne t : $\Delta S_t = S_t - S_t^0$, qui est l'écart à sa valeur d'équilibre S_t^0 comme une somme de produits scalaires sur les atomes [85] :

$$\Delta S_t = \sum_{\alpha=1}^{n} \mathbf{s}_{t\alpha} \cdot \rho_\alpha \qquad (3.80)$$

Les mouvements d'ensemble de la molécule, translations et rotations, ne modifient pas les coordonnées internes $\mathbf{S}_t$. Des relations linéaires existent donc entre les coefficients $\mathbf{s}_{t\alpha}$. L'invariance par une translation quelconque $\mathbf{T} = (T_x, T_y, T_z, T_x..)$ implique :

$$\sum_\alpha \mathbf{s}_{t\alpha} \cdot \mathbf{T} = 0$$

$$\Leftrightarrow \sum_\alpha s_{t\alpha}^i = 0 \quad \text{pour tout i=x,y ou z} \tag{3.81}$$

Une rotation ω quelconque, par rapport au centre du repère, induit un déplacement $\omega \wedge \mathbf{x}_\alpha$, on en déduit :

$$\sum_\alpha \mathbf{s}_{t\alpha} \cdot (\omega \wedge \mathbf{x}_\alpha) = 0$$

$$\Leftrightarrow \sum_\alpha \omega \cdot (\mathbf{x}_\alpha \wedge \mathbf{s}_{t\alpha}) = 0$$

$$\Leftrightarrow \sum_\alpha \mathbf{x}_\alpha \wedge \mathbf{s}_{t\alpha} = 0 \tag{3.82}$$

En pratique, on utilise généralement une notation matricielle pour appliquer cette transformation entre coordonnées. Dans un repère donné maintenant, en écrivant les composantes de ρ_α suivant les 3 axes : $\Delta x_i, \Delta x_{i'}, \Delta x_{i''}$, la relation (3.83) peut se réécrire comme :

$$\Delta S_t = \sum_{\alpha=1}^n B_{ti} \Delta x_i + B_{ti'} \Delta x_{i'} + B_{ti''} \Delta x_{i''} \quad t = 1..3N-6$$

$$\Delta S_t = \sum_{i=1}^{3N} B_{ti} \Delta x_i \quad t = 1..3N-6$$

$$\Delta \mathbf{S} = \mathbf{B} \Delta \mathbf{x} \tag{3.83}$$

où les coefficients $B_{ti}, B_{ti'}$ et $B_{ti''}$ correspondent aux éléments des vecteurs $\mathbf{s}_{t\alpha}$. Dans la littérature, on apelle $\mathbf{B}$ la matrice de Wilson.

Il existe plusieurs formulations équivalentes pour les 4 types de déformations auxquelles nous nous sommes intéressés. On se contente ici de donner les formules utilisées dans [50] et qui ont été implémentées.

3.4.2 stretching

L'élongation, ou stretch, met en jeu une paire d'atomes. S est la distance entre les deux atomes :

$$S = r_{12} = \sqrt{|\mathbf{x_1} - \mathbf{x_2}|}$$

3.4. Développement en coordonnées internes

ΔS est l'accroissement en distance entre les 2 atomes. La direction de $\mathbf{s}_{t\alpha}$ est celle de la liaison covalente, $\mathbf{e}_{12}$, la norme est égale à l'unité.

$$\mathbf{s}_{t1} = \mathbf{e}_{21}$$
$$\mathbf{s}_{t2} = \mathbf{e}_{12}$$

3.4.3 bending

La coordonnée interne associée est l'angle ϕ formé entre les 2 liaisons covalentes, avec pour sommet l'atome n°1 :

$$S = cos(\phi) = \mathbf{e}_{12}.\mathbf{e}_{13} \quad (3.84)$$

et les éléments de la matrice B :

$$\mathbf{s}_{t1} = \frac{(r_{13} - r_{12}cos(\phi))\mathbf{e}_{13} + (r_{12} - r_{13}cos(\phi))\mathbf{e}_{12}}{r_{13}r_{12}sin(\phi)}$$

$$\mathbf{s}_{t2} = \frac{cos(\phi)\mathbf{e}_{12} - \mathbf{e}_{13}}{r_{12}sin(\phi)}$$

$$\mathbf{s}_{t3} = \frac{cos(\phi)\mathbf{e}_{13} - \mathbf{e}_{12}}{r_{13}sin(\phi)}$$

3.4.4 torsion propre

Lorsque 4 atomes forment une chaine linéaire ouverte, l'angle dièdre τ est calculé entre les 2 liaisons extérieures de la chaine. Avec les notations de la figure (3.7) :

$$cos(\tau) = \frac{(\mathbf{e}_{12} \wedge \mathbf{e}_{23}).(\mathbf{e}_{23} \wedge \mathbf{e}_{34})}{sin(\phi_2)sin(\phi_3)}$$

Cette relation permet de déterminer la valeur absolue de l'angle. On teste ensuite la projection du produit vectoriel $\mathbf{e}_{12} \wedge \mathbf{e}_{23}$ sur $\mathbf{e}_{34}$, s'il est positif $S = \tau$, sinon $S = -\tau$. Les éléments de la matrice B sont donnés par :

$$\mathbf{s}_{t1} = -\frac{\mathbf{e}_{12} \wedge \mathbf{e}_{23}}{r_{12}sin^2(\phi_2)}$$

$$\mathbf{s}_{t2} = \frac{r_{32} - r_{12}cos(\phi_2)}{r_{32}r_{12}sin(\phi_2)}\frac{\mathbf{e}_{12} \wedge \mathbf{e}_{23}}{sin(\phi_2)} - \frac{cos(\phi_3)}{r_{32}sin(\phi_3)}\frac{\mathbf{e}_{43} \wedge \mathbf{e}_{32}}{sin(\phi_3)}$$

$$\mathbf{s}_{t3} = [(14)(23)]\mathbf{s}_{t2}$$

$$\mathbf{s}_{t4} = [(14)(23)]\mathbf{s}_{t1}$$

où les expressions entre crochets indiquent que les vecteurs sont obtenus en permutant les indices 1 avec 4 et 2 avec 3 dans les 2 premières équations.

3.4.5 torsion impropre

Ce mouvement caractérise l'angle entre un plan, formé de 3 atomes, et le dernier atome lié à l'atome 2. Il décrit typiquement les mouvements hors-plan. Le sinus de l'angle θ est :

$$sin(\theta) = \frac{\mathbf{e}_{42} \wedge \mathbf{e}_{43}}{sin(\phi_1)}.\mathbf{e}_{41}$$

et les éléments de la matrice B :

$$\mathbf{s}_{t1} = \frac{1}{r_{41}}\{\frac{\mathbf{e}_{42} \wedge \mathbf{e}_{43}}{cos(\theta)sin(\phi_1)} - tan(\theta)\mathbf{e}_{41}\}$$

$$\mathbf{s}_{t2} = \frac{1}{r_{42}}\{\frac{\mathbf{e}_{43} \wedge \mathbf{e}_{41}}{cos(\theta)sin(\phi_1)} - \frac{tan(\theta)}{sin^2(\phi_1)}(\mathbf{e}_{42} - cos(\phi_1)\mathbf{e}_{43})\}$$

$$\mathbf{s}_{t3} = \frac{1}{r_{43}}\{\frac{\mathbf{e}_{41} \wedge \mathbf{e}_{42}}{cos(\theta)sin(\phi_1)} - \frac{tan(\theta)}{sin^2(\phi_1)}(\mathbf{e}_{43} - cos(\phi_1)\mathbf{e}_{42})\}$$

$$\mathbf{s}_{t4} = -\mathbf{s}_{t1} - \mathbf{s}_{t2} - \mathbf{s}_{t3}$$

Pour définir les coefficients du quatrième atome la relation (3.81) est utilisée.

3.4.6 Choix des coordonnées internes

Pour un système à n corps il y a $3n$ modes. De manière générale $3n$-6 coordonnées ($3n$-5 pour les molécules linéaires) sont nécessaires et suffisantes pour décrire les mouvements de vibration. Le nombre de coordonnées naturelles que l'on peut définir est supérieur à $3n$-6, dès que n est supérieur à 3.

Pour diagonaliser la matrice des forces en coordonnées internes le jeu de coordonnée doit être complet et non redondant [8]. Le terme complet signifie que l'ensemble des degrés de liberté doivent être considérés ; et non redondant qu'ils doivent être indépendants entre eux. Pour le cas de molécules linéaires (sans cycle), Decius [86] montre qu'il y a exactement $3n$-6 coordonnées qui remplissent ces conditions, dans le même article il fournit aussi une méthode de construction.

Le point commun entre les définitions des modes de Decius et de Pulay est de s'interreser à la topologie des fragments de la molécule. Dans le cas des molécules biologiques, on retrouve

---

[8]. Les coordonnées cartésiennes vérifient ces deux conditions, elles incluent en plus les mouvements de translation et de rotation.

3.4. Développement en coordonnées internes

de manière récurrente des groupes fonctionnels : méthyles (CH_3), méthylènes (CH_2), amides (NH).. et il est possible de reconstruire l'ensemble des coordonnées en se ramenant à une dizaine de cas, où les symétries sont bien connues.

La premiere méthode, consiste à définir l'ensemble des coordonnées internes naturelles puis à éliminer celles qui sont redondantes. Par exemple un groupe méthyle (Fig. 3.8) est défini par 6 angles avec pour sommet l'atome de carbone, 3 angles α entre les atomes d'hydrognes et 3 angles β entre les hydrogènes et l'atome auquel le groupe est attaché (X sur la figure) ; or seulement 5 sont indépendants et suffisent à décrire les positions atomiques du groupe, le 6eme est relié par une relation linéaire aux autres. On peut donc supprimer n'importe lequel, c'est un choix arbitraire.

Quelques années plus tard, Pulay [87] suggéra de construire des coordonnées en utilisant les symétries des groupes fonctionnels moléculaires. Pour le même groupe méthyle on sait qu'il y a 5 modes de vibrations, que l'on exprime en fonction des 6 bendings. On utilise alors 5 combinaisons linéaires des coordonnées naturelles comme nouvelles coordonnées internes (Tab. 3.3). Ces modes symétrisés sont les modes normaux que l'on obtiendrait si le groupe était dans sa configuration d'équilibre et isolé de son environnement. Les coordonnées sont déterminées

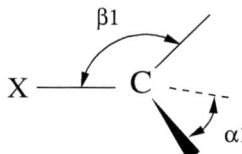

FIGURE 3.8 : Definition des 6 angles d'un groupe methyle X-CH_3

mode de vibration	combinaison linaire associee
deformation symetrique	$\alpha_1 + \alpha_2 + \alpha_3 - \beta_1 - \beta_2 - \beta_3$
deformation asymetrique 1	$2\alpha_1 - \alpha_2 - \alpha_3$
deformation asymetrique 2	$\alpha_2 - \alpha_3$
rocking 1	$2\beta_1 - \beta_2 - \beta_3$
rocking 2	$\beta_2 - \beta_3$

TABLE 3.3 : Modes de pulay, symétries des bends des groupes méthyles

en deux étapes : on exprime tout d'abord la configuration en coordonnées naturelles, puis on applique les combinaisons linéaires définies par Pulay.

L'avantage de cette méthode est que ce jeu de coordonnées est celui naturel de la spectroscopie, puisqu'il est proche des modes de vibration effectivement observés. L'interpétation de données expérimentales, et l'attribution des signatures spectrales en sont grandement simplifiées. Les modes normaux sont obtenus dans le même jeu de coordonnées, on peut directement quantifier et interpréter la participation relative des coordonnées initiales (PED). Et il n'y a pas de choix arbitraires. Elle a été retenue pour l'exploitation de nos dynamiques. La construction de ces coordonnées n'est pas facilement automatisable, elle est faite à la main pour le moment et limitée à des molécules d'une centaine d'atomes, soit déjà 300 coordonnées.

3.4.7 Exemple de construction des matrices B

Reprenons l'exemple du groupe méthyle X-CH$_3$. Quelque soit la méthode, Decius ou Pulay, on conserve l'ensemble des n-1 stretchs de la molécule [9], et on élimine les bends redondants. Nous considérons seulement ces mouvements dans l'exemple. Ce groupe possède 5 atomes numérotés : 1 pour l'atome de carbone C, de 2 à 4 pour H, et 5 pour X. Il est défini par 6 angles : les 3 premiers correspondent aux angles α (H-C-H), les 3 suivants aux angles β (X-C-H). La taille de la matrice $B_{tj} = dS_t/dx_j$ est donc de [6,5x3]. Elle est remplie en utilisant les définitions précédentes des coordonnées de bendings $\mathbf{s}_{t\alpha}$ et les notations de la figure (3.7) pour la numérotation des atomes. Pour simplifier les notations, nous notons les vecteurs $\mathbf{s}_{t\alpha}$ de la matrice $\mathbf{B}$, mais en pratique ils doivent être développés en ligne : $s_{t\alpha,x}, s_{t\alpha,y}$ et $s_{t\alpha,z}$:

$$B_{t\alpha} = \begin{pmatrix} \mathbf{s}_{1,1} & \mathbf{s}_{1,2} & \mathbf{s}_{1,3} & 0 & 0 \\ \mathbf{s}_{2,1} & \mathbf{s}_{2,2} & 0 & \mathbf{s}_{2,3} & 0 \\ \mathbf{s}_{3,1} & 0 & \mathbf{s}_{3,2} & \mathbf{s}_{3,3} & 0 \\ \mathbf{s}_{4,1} & \mathbf{s}_{4,2} & 0 & 0 & \mathbf{s}_{3,3} \\ \mathbf{s}_{5,1} & 0 & \mathbf{s}_{5,2} & 0 & \mathbf{s}_{5,3} \\ \mathbf{s}_{6,1} & 0 & 0 & \mathbf{s}_{6,2} & \mathbf{s}_{6,3} \end{pmatrix}$$

Cette matrice est redondante, n'importe quelle coordonnée interne (ligne) doit être supprimée si on veut appliquer la méthode de localisation des modes avec les coordonnées de Decius.

Pour les coordonnées symétrisées, on définit la matrice de Pulay $\mathbf{B}_{Pul}$ en appliquant aux coordonnées naturelles les combinaisons linéaires qui définissent les modes de Pulay (3.3) :

$$\mathbf{B}_{Pul} = \begin{pmatrix} \mathbf{B}_1 + \mathbf{B}_2 + \mathbf{B}_3 - \mathbf{B}_4 - \mathbf{B}_5 - \mathbf{B}_6 \\ 2\mathbf{B}_1 - \mathbf{B}_2 - \mathbf{B}_3 \\ \mathbf{B}_2 - \mathbf{B}_3 \\ 2\mathbf{B}_4 - \mathbf{B}_5 - \mathbf{B}_6 \\ \mathbf{B}_5 - \mathbf{B}_6 \end{pmatrix}$$

---

9. Si la molécule comporte C cycles, le système comporte n-1-C stretchs

où $\mathbf{B}_t$ représente le vecteur ligne de la matrice de Wilson. On obtient ainsi une matrice [5,5x3] complète et non-redondante. On calcule les vitesses en dérivant numériquement ces modes par rapport au temps, les matrices $\mathbf{K}^{(0)}$ et $\mathbf{K}^{(2)}$ sont ensuite évaluées de manière similaire.

3.5 Dynamique en coordonnées internes

Dans un jeu de coordonnées internes quelconque $\{\mathbf{S}, \mathbf{P}_s\}$ l'hamiltonien s'écrit :

$$H = \frac{1}{2} \mathbf{P}_s^T \mathbf{G} \mathbf{P}_s + \frac{1}{2} \mathbf{S}^T \mathbf{K}_s \mathbf{S} \qquad (3.85)$$

avec $\mathbf{K}_s$ la matrice des forces en coordonnées internes : $(K_s)_{ij} = \partial^2 E / \partial S_i \partial S_j$, et $\mathbf{G}$ la matrice non diagonale utilisée pour définir l'énergie cinétique. C'est un développement à l'ordre zéro de la matrice t de la relation générale (2.17), rigoureusement exacte à température nulle. Elle est dépendante de la géométrie à l'équilibre et s'exprime à partir de la matrice de Wilson : $t_{ij}^0 = G_{ij} = \sum_k^{3n} B_{ik} B_{jk}/m_k$. On déduit de l'hamiltonien les équations du mouvement des variables conjuguées de positions et d'impulsions :

$$\dot{\mathbf{S}} = \mathbf{G} \mathbf{P}_s \qquad (3.86)$$
$$\dot{\mathbf{P}}_s = -\mathbf{K}_s \mathbf{S} \qquad (3.87)$$

ou en fonction de $\mathbf{S}$ seul :

$$\ddot{\mathbf{S}} = -\mathbf{G}\mathbf{K}_s\mathbf{S} \qquad (3.88)$$

Ici la matrice des masses n'est plus diagonale et l'hamiltonien possède la forme la plus générale pour l'analyse en modes normaux (2.16). Dans ce cas l'équation séculaire s'écrit comme le déterminant (2.18) :

$$|\mathbf{K}_s - \mathbf{G}^{-1}\lambda| = 0 \qquad \text{ou} \qquad |\mathbf{G}\,\mathbf{K}_s - \lambda| = 0 \qquad (3.89)$$

avec la contrainte d'orthogonalité :

$$\sum_{i,j} G_{ij}^{-1} Z_{ik} Z_{jl} = \delta_{kl} \qquad \mathbf{Z}^T \mathbf{G}^{-1} \mathbf{Z} = \mathbf{I}_{3n}$$

3.5.1 Localisation des modes en coordonnées internes

Les coordonnées internes $\mathbf{S}_t$ sont calculées sur toutes les configurations de la trajectoire, et facultativement transformées en coordonnées symétrisées. Les dérivées temporelles du premier ordre $\dot{\mathbf{S}}_t$ sont obtenues numériquement, par différence finie. Les modes propres recherchés sont toujours définis comme une transformation linéaire entre les coordonnées normales q et internes S :

$$\begin{aligned} q_i(t) &= Z_{ij}^{-1} \, S_j(t) \\ \dot{q}_i(t) &= Z_{ij}^{-1} \, \dot{S}_j(t) \end{aligned} \quad (3.90)$$

On construit les matrices $\mathbf{K}_s^{(0)}$ et $\mathbf{K}_s^{(2)}$ de manière identique. Le SEVPG (3.15) est alors :

$$\mathbf{K}_s^{(2)} \, \mathbf{Z}^{-1^T} = \mathbf{K}_s^{(0)} \, \mathbf{Z}^{-1^T} \, \mathbf{\Lambda} \text{ avec la contrainte } \mathbf{Z}^{-1} \, \mathbf{K}_s^{(0)} \, \mathbf{Z}^{-1^T} = \mathbf{I}_{3N} \quad (3.91)$$

Les vecteurs propres recherchés se déduisent finalement de (3.16) :

$$\mathbf{Z} = \mathbf{K}_s^{(0)} \, \mathbf{Z}^{-1^T} \quad (3.92)$$

La méthode de localisation, et le SEVPG, sont similaires à ceux déterminés en coordonnées cartésiennes : les coordonnées normales sont toujours recherchées comme une combinaison linéaire des coordonnées initiales. Par contre, la transformation de la trajectoire en coordonnées internes est non-linéaire, les résultats ne sont donc pas équivalents. Comme nous le verrons en application (6.4), les spectre de puissance en coordonnées internes sont déjà mieux localisés, ce qui nous laisse espérer une meilleure décomposition finale.

3.5.2 Distribution d'energie potentielle (PED)

L'interprétation des modes normaux est grandement facilitée en coordonnées internes. Nous pouvons évaluer pour chaque mode de vibration la participation des coordonnées internes naturelles ou symétrisées. L'amplitude de chaque coordonnée est simplement un facteur multiplicatif, par contre leur participation relative exprimée en pourcentage est une caractéristique du mode de vibration. En coordonnées cartésiennes réduites cette quantification serait immédiate car les vecteurs propres sont orthonormaux, mais difficilement interprétables. Dans le cas qui nous interesse en coordonnées internes, on définit la distribution d'énergie potentielle (PED) à partir du hessien. Celle-ci définit une normalisation pour les autres types de coordonnées. Les vecteurs propres $\mathbf{Z}$ obtenus après diagonalisation de la matrice $\mathbf{K}^{(2)}$ vérifient la relation suivante :

$$\mathbf{Z}^{-1} \, \mathbf{K}^{(2)} \, \mathbf{Z}^{-1^T} = \mathbf{\Lambda} \Leftrightarrow \sum_{k,l} Z_{ik}^T \, K_{kl}^2 \, Z_{lj} = \lambda_{ij} \, \delta_{ij}$$

d'où l'on déduit la normalisation :

$$\frac{\sum_{kl} Z_{ki} \, K_{kl}^2 \, Z_{li}}{\lambda_{ii}} = 1$$

3.5. Dynamique en coordonnées internes

McCarthy [88] ropose la construction d'une matrice P_{ij} qui définit la participation de la coordonnée i au mode propre j comme :

$$P_{ij} = \frac{\sum_l Z_{ji} K_{jl}^2 Z_{li}}{\lambda_i} \qquad (3.93)$$

Rien n'assure la positivité des termes de cette matrice, seule la participation totale de l'atome i sur tous les modes, en faisant la somme sur j, est normalisée. Généralement les termes majoritaires sont positifs, et il est toujours possible de renormaliser les vecteurs en utilisant les valeurs absolues de la matrice.

Une définition différente a été utilisée dans nos applications. De manière générale on peut construire une matrice $\mathbf{P}(k)$ pour chaque mode normal :

$$P_{ij}(k) = \frac{Z_{ik} Z_{jk} K_{ij}^2}{\lambda_k}$$

La participation de la coordonnée i peut être évaluée de deux manières. Soit comme la somme sur une ligne, ou une colonne puisque $\mathbf{P}$ est symétrique, c'est la proposition de McCarthy, ou ne conserver que l'élément diagonal toujours positif de ces matrices :

$$P_{ii}(k) = P_{ik} = \frac{Z_{ik}^2 K_{ii}^2}{\lambda_k} \qquad (3.94)$$

Ces valeurs doivent être renormalisées pour être exprimées en pourcentage. Nous verrons en application les modifications importantes de certains modes, en termes de PED et pas seulement de fréquence, qui peuvent survenir entre les phases gazeuses et aqueuses. C'est aussi un outil supplémentaire pour aider l'identification de modes provenant de simulations différentes, quand le nombre de bandes et les décalages en fréquence sont importants.

3.5.3 Passage des coordonnées internes aux coordonnées cartésiennes

Lorsque l'analyse est faite en coordonnées internes, il est possible de se ramener aux coordonnées cartésiennes pour visualiser les modes normaux, ou pour utiliser leurs expressions dans le calcul des intensités infrarouges. La matrice $\mathbf{B}$ de Wilson, rectangulaire de dimension [$3n$-6,$3n$], ne décrit pas les mouvements d'ensemble ; 6 degrés de libertés supplémentaires existent en coordonnées cartésiennes. La relation n'est donc pas bijective et on doit imposer des conditions supplémentaires pour l'inverser.

On parle généralement de pseudo-inverse ou d'inverse généralisé. Ces matrices ont été définies indépendamment par Moore (1920) et Penrose (1955) pour l'application aux statistiques et aux probabilités. Etant donné une matrice $\mathbf{B}[M,N]$, avec $N > M$, la matrice généralisée de Moore-Penrose est la matrice $\mathbf{B}^-[N,M]$ qui verifie les relations :

$$\begin{aligned}
\mathbf{B}\,\mathbf{B}^-\,\mathbf{B} &= \mathbf{B} \\
\mathbf{B}^-\,\mathbf{B}\,\mathbf{B}^- &= \mathbf{B}^- \\
(\mathbf{B}\,\mathbf{B}^-)^T &= \mathbf{B}^-\,\mathbf{B} \\
(\mathbf{B}^-\,\mathbf{B})^T &= \mathbf{B}\,\mathbf{B}^-
\end{aligned} \qquad (3.95)$$

On définit $\mathbf{B}^- = \mathbf{B}^T\,(\mathbf{B}\,\mathbf{B}^T)^{-1}$ [10], tel que $z = \mathbf{B}^- c$ soit la solution de l'équation $\mathbf{B}z = c$ qui minimise $\mathbf{z}^T\,\mathbf{z}$. Pour toute matrice $\mathbf{A}$ inversible, les solutions de la forme :

$$\mathbf{B}^- = \mathbf{A}^{-1}\,\mathbf{B}^T\,(\mathbf{B}\,\mathbf{A}^{-1}\,\mathbf{B}^T)^{-1} \qquad (3.96)$$

vérifient aussi les définitions (3.95) et minimisent la norme de $\mathbf{z}^T\,\mathbf{A}\,\mathbf{z}$ [11]. Pour pouvoir définir $\mathbf{B}^-$ on doit s'assurer que $\mathbf{B}^T\,\mathbf{B}$ est inversible. Cela est toujours vérifié si le jeu de coordonnées choisi pour construire $\mathbf{B}$ est complet et non-redondant. En choisssant pour $\mathbf{A}$ la matrice diagonale des masses $\mathbf{M}$, on obtient le résultat de Crawford et Fletcher [89] :

$$\begin{aligned}
\Delta\mathbf{x} &= \mathbf{M}^{-1}\,\mathbf{B}^T\,(\mathbf{B}^T\,\mathbf{M}^{-1}\,\mathbf{B})^{-1}\,\Delta\mathbf{S} \\
&= \mathbf{M}^{-1}\,\mathbf{B}^T\,\mathbf{G}^{-1}\,\Delta\mathbf{S}
\end{aligned} \qquad (3.97)$$

Les vecteurs $\Delta\mathbf{x}$ vérifient ainsi les conditions d'Eckart. Par définition de la matrice $\mathbf{B}$ et des relations (3.81) et (3.82), pour la translation on a :

$$\sum_\alpha m_\alpha\,(\mathbf{M}^{-1}\,\mathbf{B}^T) = \sum_\alpha m_\alpha\,m_\alpha^{-1}\,\mathbf{s}_{t\alpha} = \sum_\alpha \mathbf{s}_{t\alpha} = 0 \qquad (3.98)$$

et de même pour une rotation quelconque :

$$\sum_\alpha m_\alpha\,\mathbf{x}_\alpha^0 \wedge \Delta\mathbf{x} = \sum_\alpha m_\alpha\,\mathbf{x}_\alpha \wedge (\mathbf{M}^{-1}\,\mathbf{B}^T) = \sum_\alpha \mathbf{x}_\alpha \wedge \mathbf{s}_{t\alpha} = 0 \qquad (3.99)$$

Ces relations sont également valables avec la matrice de Pulay. Puisqu'elle est construite comme une combinaison linéaire de la matrice de Wilson, ses coeffcients possèdent les mêmes propriétés.

---

10. Si $M > N$, $\mathbf{B}^- = (\mathbf{B}^T\,\mathbf{B})^{-1}\mathbf{B}^T$.
11. La relation peut être démontrée en utilisant les multiplicateurs de Lagrange, en minimisant :

$$\mathbf{z}^T\,\mathbf{A}\,\mathbf{z} - (\mathbf{B}\mathbf{z} - \mathbf{S})^T\,\Lambda$$

3.6 Applications en coordonnées internes

Les cas du formaldéhyde en phase gazeuse et de l'eau liquide étudiés précédemment en coordonnées cartésiennes sont retraités dans le nouveau système de coordonnées afin de comparer les deux méthodes. La molécule de N-méthyl-acétamide (NMA) en phase aqueuse, une molécule modèle de liaison peptidique, est présentée au lieu de l'uracile. A cause des groupes méthyles (CH_3) qui ont un mouvement de rotation autour des liaisons C-C et C-N, l'analyse en coordonnées cartésiennes ne donne pas de résultats satisfaisants car la géométrie d'équilibre n'est pas bien définie.

3.6.1 Formaldéhyde et boîte d'eau

Les dynamiques utilisées sont les mêmes que celles de la section précédente (3.3.1 et 3.3.2). Dans ce cas de molécules simples, les coordonnées internes naturelles de Decius sont suffisantes. Pour l'eau, composée de trois atomes, il n'y a aucune liberté dans le choix des coordonnées internes : 2 stretchs O-H et 1 bend H-O-H. Par contre pour le formaldéhyde il faut conserver $3n-6=6$ coordonnées indépendantes. Nous avons défini les 3 stretchs, 3 bends et une torsion impropre, puis arbitrairement éliminé le bending H2-C-H1 car la molécule est quasi-plane et que la somme des angles est une constante égale à 180°. Les coordonnées sont présentées dans le tableau (3.4) :

Formaldéhyde(H_2CO)
Strtech C=O
Stretch C-H1
Stretch C-H2
Bending O=C-H1
Bending O=C-H2
ITrosion O=C-H_2

eau (H_2O)
Strtech O-H1
Stretch O-H2
Bending H-O-H

TABLE 3.4 : Les $3n-6$ coordonnées de Decius du formaldéhyde et d'une molécule d'eau, en termes de stretchs, bends et torsions impropres.

Les spectres de puissance après l'analyse par localisation sont tracés sur la figure (3.9).

Ils sont similaires à ceux obtenus en coordonnées cartésiennes (Fig. 3.2 et 3.4). Les bandes possèdent les mêmes profiles, en termes de largeurs et de positions. Les fréquences, ainsi que la participation relative des coordonnées internes aux modes normaux (PED) sont notées dans le tableau (3.5).

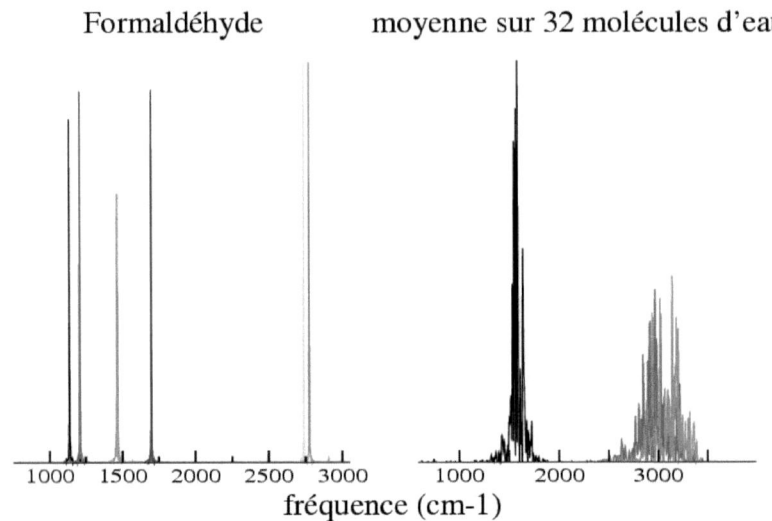

FIGURE 3.9 : Spectres localisés du formaldéhyde et de l'eau liquide en coordonnées internes

Modes H_2CO	fréq. cart. (cm^{-1})	internes	PED
1	1141.5	1143.3	ITors. :99.9%
2	1211.2	1211.8	b.O=C-H2 :54.5%, b.O=C-H1 :44.3 %
3	1464.0	1473.5	st.C=O :34.4%, b.O=C-H1 :32.8%, b.O=C-H2 :32.7%
4	1697.9	1698.0	st.C=O :93.2%, b.O=C-H1 :3.3%, b.O=C-H2 :3.2%
5	2738.8	2738.7	st.C-H2 :49.5%, st.C-H1 :49.2%
6	2777.4	2778.4	st.C-H1 :50%, st.C-H2 :49.8%

Modes H_2O	fréq.cart. (cm^{-1})	freq.int.	PED
1	1575.7	1581.0	b.H1-O-H2 :99.9%
2	2968.0	2960.9	st.O-H1 :70%, st.O-H2 :29.7%
3	3093.9	3093.6	st.O-H2 :56.3%, st :O-H1 :43.7%

TABLE 3.5 : Comparaison des fréquences ($\sqrt{<\omega>_{Pq}^2}$) obtenues par un traitement en coordonnées cartésiennes (après changement de référentiel) et en coordonnées internes.

Pour le formaldéhyde, les coordonnées internes sont proches des modes normaux que l'on cherche à déterminer. En conséquence les modes 1 et 4 montrent un mouvement quasi-exclusif

3.6. Applications en coordonnées internes   93

du mouvement de torsion et du stretch C=O. Les symétries sont bien respectées sur les stretchs C-H (modes 5 et 6) et sur les bends O=C-H (modes 3 et 4). De même pour l'eau liquide, les mouvements de bend et de stretchs sont directement identifiés par la PED.

3.6.2 N-Méthyl-Acétamide

Les molécules peptidiques feront l'objet du chapitre 5 consacré aux applications, les modes normaux seront discutés et comparés entre les différents conformères dans ce chapitre-là. Ici nous nous contentons de tester la méthode sur la dynamique de la molécule de N-méthyl-acétamide (NMA) en conformation Trans (Fig. 3.10), immergée dans une soixantaine de molécules d'eau à 300 K. Elle nous sert d'exemple de molécule flexible, sur laquelle la méthode en coordonnées cartésiennes est inadaptée car elle possède deux groupes méthyles CH_3 qui tournent continuellement à 300 K. La température, ainsi que les liaisons hydrogènes entre les molécules d'eau

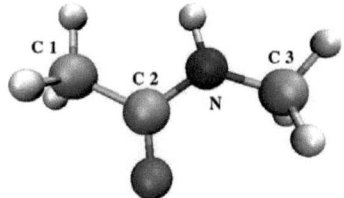

FIGURE 3.10 : Molécule NMA en conformation Trans

du solvant et les atomes O et H du groupe peptide, fournissent une situation moins favorable à une approximation harmonique.

Nous avons mis en place un jeu de coordonnées internes symétrisé pour cette étude. En suivant le protocole de Pulay, il contient tous les stretchs (n-1 pour une molécule linéaire sans cycle), soit 11. Les 5 combinaisons indépendantes de bends pour chaque groupe méthyle, et 2 pour les liaisons C-N-C et C-C-N. On rajoute aussi, sans les modifier, les torsions impropres pour décrire les mouvements hors-plan de l'oxygène et de l'hydrogène de la liaison peptidique et les 3 dièdres de la chaîne, soit au total les 30 coordonnées indépendantes et non redondantes attendues. Le spectre de puissance des 30 coordonnées normales, reproduit sur la figure (3.11) à gauche, possède des bandes majoritairement bien localisées, avec une largeur variable.

Aux faibles fréquences, on trouve encore 6 bandes qui sont délocalisées (sur le schéma de droite), ils possèdent deux ou trois pics séparés jusqu'à 1000 cm^{-1}. Ces modes apparaissent tous à de faibles fréquences et décrivent principalement des mouvements de torsions de grandes

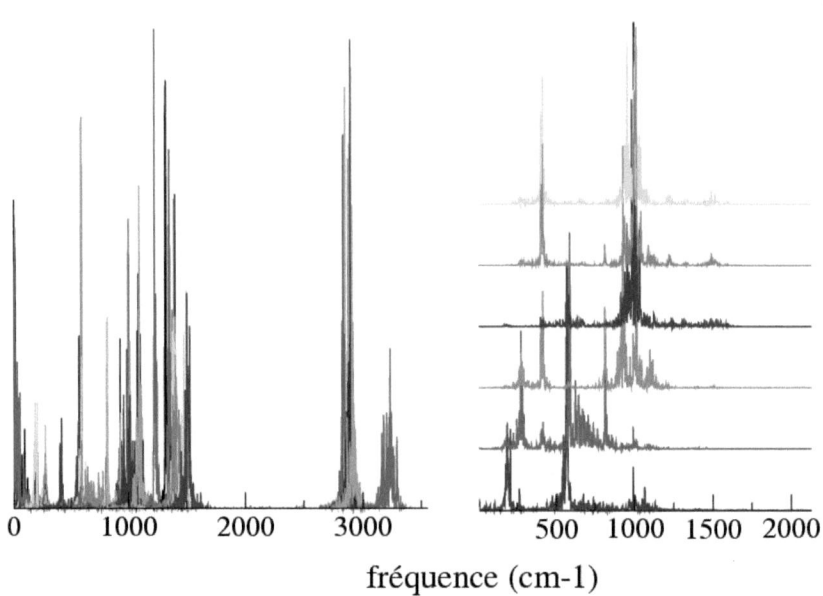

FIGURE 3.11 : Spectre de puissance des coordonnées normales

amplitudes et très anharmoniques. Pour tous les autres modes, nous obtenons les spectres souhaités, avec un unique pic et des largeurs différentes provenant des anharmonicités.

Les temps de simulation sont surement trop courts pour obtenir une statistique correcte des mouvements de basses fréquences. Sur cette dynamique la délocalisation en fréquence pourrait également être due à une forte anharmonicité. Ces bandes délocalisées apparaissent également lorsqu'une molécule subit des changements conformationnels importants durant la dynamique. Ces points n'ont pas encore été rigoureusement étudiés puisque nous étions prioritairement interressés par la gamme de fréquence allant de 1000 à 2000 cm^{-1}.

La méthode de décomposition du spectre vibrationnel que nous proposons s'applique à une large gamme de systèmes moléculaires. Nous l'avons illustré sur des dynamiques moléculaires en phase gaseuse, un liquide moléculaire et dans le cas d'un soluté en phase liquide. C'est une méthode systématique qui généralise l'analyse en modes normaux, et la méthode PMA. La généralisation aux coordonnées internes élargit son champ d'application à des systèmes moléculaires déformables, tout en assurant une complète séparation avec les mouvements d'ensemble.

Chapitre 4

Reconstruction d'un spectre infrarouge

Reconstruction d'un spectre infrarouge

Le but de ce travail de thèse est d'interpréter au niveau microscopique les spectres d'absorption infrarouge. Dans une première partie, nous avons extrait les modes de vibration de la dynamique d'un système moléculaire. Nous connaissons également les mouvements atomiques associés aux fréquences d'absorption. Toutefois nous n'avons pas encore accès aux intensités des bandes, ce qui permettrait une comparaison directe avec l'expérience.

Le profil des spectres d'absorption, et plus particulièrement l'intégrale sur les fréquences d'une bande en particulier, sont des observables reliées à l'énergie électromagnétique absorbée par le système. Expérimentalement, évaluer la participation de chaque mode est difficile car leurs spectres se recouvrent. L'analyse vibrationnelle et la connaisssance des modes normaux fournissent une information supplémentaire pour évaluer ces intensités. A partir de la méthode de localisation des modes et de l'utilisation des tenseurs de polarisabilité atomique (APT), nous pouvons déterminer la participation de chacun des modes de vibration au spectre total, en tenant compte des effets anharmoniques et de température présents dans les simulations numériques Car-Parrinello.

Dans le même esprit que pour l'analyse vibrationnelle, nous allons d'abord présenter les expressions utilisées dans les cas harmoniques et statiques. Puis nous retrouverons ce résultat à partir de la relation classique (1.24) obtenue dans l'introduction par la théorie de la réponse linéaire, en insistant sur l'importance des tenseurs de polarisabilité atomique nécessaires à la reconstruction de spectres infrarouges. Nous proposons ensuite notre méthode, et discutons ses approximations sur nos systèmes modèles.

4.1 Approximation harmonique, calcul des intensités dans une configuration d'équilibre

En mécanique quantique l'intensité des bandes spectrales est définie par les probabilités de transitions entre deux états propres n et n' du système. Les coefficients d'absorption infrarouge

$B_{nn'}$ ou d'émission induites sont reliés aux moments dipolaires de transition du système et sont calculés par la règle de population :

$$B_{nn'} = \frac{8\pi}{3h^2}\left[|(M_x)_{nn'}|^2 + |(M_y)_{nn'}|^2 + |(M_z)_{nn'}|^2\right]$$

Dans cette expression les composantes des moments dipolaires de transition $(M_{x,y,z})_{nn'}$ sont des observables du système mesurées à partir de la fonction d'onde nucléaire $\psi(\mathbf{R}_1, ..., \mathbf{R}_N)$:

$$(M_x)_{nn'} = \int \psi_n^* M_x \psi_{n'} \, d\mathbf{R}_1...d\mathbf{R}_N \tag{4.1}$$

En décrivant le système nucléaire par un ensemble d'oscillateurs harmoniques les fonctions d'onde peuvent être évaluées analytiquement [90].

En chimie théorique, les calculs de spectroscopie infrarouge sont très majoritairement faits dans cette approximation harmonique, sur des structures à l'équilibre. L'intensité d'un mode fondamental harmonique k (un mode propre de la molécule car on ne considère pas les overtones qui sont des transitions entre 2 états non-consécutifs [1]), s'exprime comme :

$$A_k = \frac{N_a \pi}{3c^2} \left|\frac{\partial \mathbf{M}}{\partial q_k}\right|^2 = \Gamma_k \bar{\nu}_k \tag{4.2}$$

avec N_a le nombre d'Avogadro, c la célérité dans le vide et $\bar{\nu}_k$ le nombre d'onde (en cm^{-1}) de la fréquence d'absorption. Le terme $\partial\mathbf{M}/\partial q_k$ correspond à la variation du dipôle lorsque le système vibre suivant un mode normal k.

A_k est le coefficient d'absorption molaire intégré, relié au coefficient d'absorption dans l'expression de Beer-Lambert (annexe A.2). Il est expérimentalement mesuré comme l'intégrale du flux absorbé sur la largeur d'une bande infrarouge :

$$A_k = \frac{1}{n\,l}\int_{\text{ban. k}} d\bar{\nu}\, ln(\frac{I}{I_0}) \tag{4.3}$$

où I_0 et I sont respectivement les intensités des ondes électromagnétiques émises et transmises après la traversée de l'échantillon de longueur l, et n l'indice de réfraction du milieu. L'intensité d'un mode est toujours définie comme la somme sur une bande k car sa largeur n'est jamais nulle expérimentalement, contrairement à ce qui est obtenu dans l'approximation harmonique (4.2).

La seule quantité moléculaire qui intervient dans la formule (4.2) est le terme $\partial\mathbf{M}/\partial q_k$. C'est celui généralement calculé dans les travaux numériques, nommé intensité infrarouge absolue et exprimé en (debye/angstrom)^2.(m.u.a.)$^{-1}$ (unité de masse atomique). Pour les molécules

---

[1]. Pour un mode purement harmonique les transitions d'ordre supérieures à 2 sont interdites, l'expression (4.1) est nulle.

isolées elle est souvent rapportée à une concentration molaire et exprimée en darks ou cm.mmol^{-1} (l'unité SI est le km.mol^{-1}).

Les spectres infrarouges mesurés dans les milieux condensés, ainsi que ceux calculés par la relation (1.24) sont en cm^{-1}, la quantité d'énergie A_k expérimentale (4.3) possède alors comme unité le cm^{-2}. Ils peuvent être exprimés en cm.km.mol^{-1} si on connait leur concentration. En annexe (A.1), nous donnons les facteurs de conversion, ainsi que leurs relations avec les unités atomiques utilisées dans les simulations.

Les intensités A_k peuvent être comparées à l'expérience par la relation (4.3), mais ne fournissent aucune information sur les formes et les largeurs des bandes spectrales.

4.2 Intensités infrarouges à partir de calculs de dynamique moléculaire

Comme nous l'avons vu dans l'introduction, la théorie de la réponse linéaire fournit une relation entre le spectre infrarouge et le moment dipolaire calculé par une dynamique moléculaire à l'équilibre thermodynamique. Dans le cadre d'une démonstration classique nous avons obtenu une expression entre l'énergie absorbée à l'aide de la susceptibilitée généralisée (1.12) et de la corrélation du moment dipolaire (1.24) :

$$IR(\omega) = n(\omega)\,\alpha(\omega) = \omega\,\chi''_{MM}(\omega) = \frac{4\pi\omega^2\beta}{3Vc}\int_0^{+\infty} <\mathbf{M}(0).\mathbf{M}(t)>\,e^{i\omega t}dt \quad (4.4)$$

En dérivant la relation (1.22) valable pour les fonctions de corrélation à l'équilibre :

$$\frac{d}{dt}<\mathbf{M}(0).\dot{\mathbf{M}}(t)> = -\frac{d}{dt}<\mathbf{M}(t).\dot{\mathbf{M}}(0)>$$
$$\Leftrightarrow <\mathbf{M}(0).\ddot{\mathbf{M}}(t)> = -<\dot{\mathbf{M}}(t).\dot{\mathbf{M}}(0)>$$

et en utilisant les propiétés de la transformée de Fourier, on obtient une relation équivalente avec la dérivée temporelle du dipôle, le courant dipolaire $\dot{\mathbf{M}}$:

$$IR(\omega) = \frac{4\pi\beta}{3Vc}\int_0^{+\infty} <\dot{\mathbf{M}}(0).\dot{\mathbf{M}}(t)>\,e^{i\omega t}dt \quad (4.5)$$

En coordonnées cartésiennes, le courant dipolaire s'exprime par une relation linéaire avec les vitesses. On peut le décomposer exactement comme suit :

$$IR(\omega) = \frac{4\pi\beta}{3Vc}\sum_{i,j}\int_0^{+\infty} <(\frac{\partial \mathbf{M}}{\partial x_i}\dot{x}_i)(0).(\frac{\partial \mathbf{M}}{\partial x_j}\dot{x}_j)(t)>\,e^{i\omega t}dt \quad (4.6)$$

ce qui fait à nouveau apparaître les dérivées du dipôle par rapport aux coordonnées cartésiennes $\partial \mathbf{M}/x_k$, et les vitesses atomiques $\dot{x}_i(t)$. Ces deux expressions (4.4 et 4.6) donnent les spectres de référence auxquels nous comparerons ceux calculés par notre méthode.

4.3 Règles de somme

L'observable physique est l'intégrale du spectre infrarouge sur les fréquences, des règles de somme très générales existent pour les fonctions de réponse. Nous allons simplement utiliser quelques unes de leurs proriétés afin d'obtenir l'expression de l'intégrale du spectre total, pour ensuite l'extrapoler à une somme sur des modes indépendants. A partir de la définition (4.3) et de l'expression (4.6) l'intensité totale se calcule comme une somme sur les nombres d'onde $\bar{\nu} = \omega/2\pi c$:

$$IR_{tot} = \frac{4\pi\beta}{3Vc} \sum_{i,j} \int_0^{+\infty} d\bar{\nu} \int_0^{+\infty} <(\frac{\partial \mathbf{M}}{\partial x_i}\dot{x}_i)(0).(\frac{\partial \mathbf{M}}{\partial x_j}\dot{x}_j)(t)> e^{i\omega t} dt$$

$$IR_{tot} = \frac{4\pi\beta}{3Vc^2} \sum_{i,j} \int_{-\infty}^{+\infty} \frac{d\omega}{4\pi} \int_0^{+\infty} <(\frac{\partial \mathbf{M}}{\partial x_i}\dot{x}_i)(0).(\frac{\partial \mathbf{M}}{\partial x_j}\dot{x}_j)(t)> e^{i\omega t} dt$$

$$IR_{tot} = \frac{\beta}{3Vc^2} \sum_{i,j} \int_{-\infty}^{+\infty} \frac{d\omega}{2} \int_{-\infty}^{+\infty} <(\frac{\partial \mathbf{M}}{\partial x_i}\dot{x}_i)(0).(\frac{\partial \mathbf{M}}{\partial x_j}\dot{x}_j)(t)> e^{i\omega t} dt$$

En utilisant les propriétés des transformées de Fourier et des transformées de Fourier inverse, on se ramène exactement à la variance du courant dipolaire :

$$IR_{tot} = \frac{\pi\beta}{3Vc^2} \sum_i <|\frac{\partial \mathbf{M}}{\partial x_i}\dot{x}_i|>^2$$

La décorrélation entre les positions, dont dépend le dipôle, et les vitesses permet de séparer la fonction de corrélation en 2 termes :

$$IR_{tot} = \frac{\pi\beta}{3Vc^2} \sum_i <|\frac{\partial \mathbf{M}}{\partial x_i}|^2 |\dot{x}_i|^2>$$

$$= \frac{\pi}{3Vc^2} \sum_i \frac{1}{m_i} <|\frac{\partial \mathbf{M}}{\partial x_i}|^2> \qquad (4.7)$$

où l'on a utilisé le théorème de l'équipartition de l'énergie cinétique en coordonnées cartésiennes. Si on connait les modes normaux du système il est possible de se ramener à une somme sur ces modes en utilisant la relation :

$$\frac{\partial \mathbf{M}}{\mathbf{x}} = \frac{\partial \mathbf{M}}{\partial q_k}\frac{\partial q_k}{\partial \mathbf{x}} \qquad (4.8)$$

On retrouve alors la dissipation d'énergie totale calculée dans l'approximation harmonique (4.2), au facteur de conversion près entre les km.mol^{-1} et les cm^{-2}.

4.4 Calcul des tenseurs de polarisabilité atomique (APT)

Le terme $\partial \mathbf{M}/\partial \mathbf{x} = \mathbf{P}^{(\alpha)}$ est le tenseur de polarisabilité atomique (APT) associé à l'atome α et introduit par Marcillo [91]. On utilise généralement une matrice qui regroupe l'ensemble

4.4. Calcul des tenseurs de polarisabilité atomique (APT)

des atomes composant le système. Elle s'écrit alors comme :

$$\mathbf{P}^{(\alpha)} = \begin{pmatrix} & atome1 & & & atome2 & \\ \frac{\partial M_x}{\partial x_{1,x}} & \frac{\partial M_x}{\partial x_{1,y}} & \frac{\partial M_x}{\partial x_{1,z}} & \frac{\partial M_x}{\partial x_{2,x}} & \cdots & \cdots \\ \frac{\partial M_y}{\partial x_{1,x}} & \frac{\partial M_y}{\partial x_{1,y}} & \frac{\partial M_y}{\partial x_{1,z}} & \frac{\partial M_y}{\partial x_{2,x}} & \cdots & \cdots \\ \frac{\partial M_z}{\partial x_{1,x}} & \frac{\partial M_z}{\partial x_{1,y}} & \frac{\partial M_z}{\partial x_{1,z}} & \frac{\partial M_z}{\partial x_{2,x}} & \cdots & \cdots \end{pmatrix}$$

Pour calculer directement le tenseur $\mathbf{P}^{(\alpha)}$ on devrait procéder de la manière suivante : chaque atome est déplacé indépendamment suivant un des axes du repère, et les fonctions d'onde optimisées dans cette configuration. Il faut donc réaliser $3n$ optimisations de fonctions d'onde. Cela n'est possible que sur quelques configurations car les temps de calcul sont rapidement importants.

Dans la pratique nous utilisons l'astuce suivante. Le dipôle est par définition la dérivée de l'énergie par rapport à un champ électrique ϵ, $\mathbf{M} = \partial E/\partial \epsilon$. En utilisant les relations suivantes :

$$\frac{\partial \mathbf{M}}{\partial \mathbf{x}} = \frac{\partial^2 E}{\partial \epsilon\, \partial \mathbf{x}} = \frac{\partial \mathbf{F}}{\partial \epsilon}$$

on réduit le nombre d'optimisations à 3, une pour chaque direction du champ électrique. Si l'énergie est calculée après l'optimisation de fonctions d'onde en présence d'un champ électrique extérieur, on a accès aux forces par dérivation analytique. En utilisant une différence finie centrée, le calcul a une précision d'ordre 2 et on calcule dans ce cas les éléments du tenseur comme :

$$\frac{\partial \mathbf{F}}{\partial \epsilon} = \frac{\mathbf{F}(+\Delta\epsilon) - \mathbf{F}(-\Delta\epsilon)}{2\Delta\epsilon} + O(\Delta\epsilon)^2$$

où $\Delta\epsilon$ est la valeur du champ électrique appliqué suivant un des axes, typiquement 0.01-0.001 Hartree. Cela nécessite alors 6 optimisations. Ce n'est pas un problème, car nous faisons cela en relisant la trajectoire de la dynamique et les fonctions d'onde évoluent peu entre deux pas successifs. On traite ainsi environ un millier de configurations, en approximativement 2 semaines sur 4 processeurs pour un système moléculaire composé d'une vingtaine d'atomes. En utilisant une configuration toutes les femtosecondes, cela représente une durée d'une picoseconde et fournit une statistique que nous jugeons suffisante.

Le tenseur APT $\mathbf{P}^{(\alpha)}$ est calculé dans le référentiel du laboratoire lorsque l'on relit la trajectoire. Dans une analyse en coordonnées cartésiennes, se pose de nouveau le problème du repère. Pour utiliser la relation (4.8) on doit évaluer $\mathbf{P}^{(\alpha)'}$ dans le repère lié à la molécule, dans lequel les modes propres ont été précédemment calculés. Les tenseurs sont invariants par un mouvement de translation, par contre la rotation appliquée sur la structure doit aussi l'être sur les tenseurs (voir section 3.2.1). Après avoir déterminé la matrice de passage $\mathbf{R}$ de la minimisation (3.47), on l'applique sur les tenseurs $\mathbf{P}^{(\alpha)}$:

$$\mathbf{P}^{(\alpha)'} = \mathbf{R}\, \mathbf{P}^{(\alpha)}\, \mathbf{R}^T$$

Toutes les grandeurs sont ainsi exprimées dans un repère identique et on peut calculer les dérivées du dipôle par rapport aux modes normaux **Z** :

$$\frac{\partial \mathbf{M}'}{\partial q_j} = \frac{\partial \mathbf{M}'}{\partial x'_j} \frac{\partial x'_j}{\partial q_k} \Leftrightarrow \mathbf{P}^q = \mathbf{P}^{(\alpha)'} \mathbf{Z} \tag{4.9}$$

Calcul en coordonnées internes

Ce jeu de coordonnées est indépendant du repère choisi. Il n'est donc pas utile de modifier les tenseurs APT, mais on doit l'exprimer en coordonnées normales via les coordonnées internes. Pour cela on le décompose comme :

$$\frac{\partial \mathbf{M}}{\partial q_k} = \frac{\partial \mathbf{M}}{\partial x'_i} \frac{\partial x'_i}{\partial S_t} \frac{\partial S_t}{\partial q_k} \Leftrightarrow \mathbf{P}^q = \mathbf{P}^{(\alpha)} \mathbf{B}^- \mathbf{Z} \tag{4.10}$$

Le premier terme est le tenseur APT dans le référentiel fixe du laboratoire, le second est l'inverse généralisée de la matrice de Wilson $\mathbf{B}^-$ et le dernier l'expression des modes normaux en coordonnées internes. Les 2 premiers termes sont dépendants du temps, ce qui nécessite le calcul de la matrice **B** et de son inversion à chaque pas de simulation.

En coordonnées normales, les tenseurs $\mathbf{P}^q$ sont des vecteurs associés à chacun des modes de vibration. La norme et la direction de ces vecteurs caractérisent les moments dipolaires de transition. Nous allons maintenant voir comment ils sont reliés aux intensités infrarouges.

4.5 Décomposition du spectre infrarouge

Nous souhaitons décomposer l'expression (4.5) en une somme de termes dépendants des modes normaux du système afin d'estimer la contribution spectrale de chacun d'eux dans le spectre infrarouge total. Les expressions (4.2 et 4.7 avec 4.8) sont déjà des formes de décomposition. Elles vérifient l'intensité totale des bandes, mais ne nous renseignent pas sur leurs largeurs. La méthode de localisation des modes de vibration tient compte des effets de température et d'anharmonicité, nous tenons à les conserver dans notre approche. Nous mettrons en évidence divers degrés d'approximations, et leurs conséquences sur le spectre final seront discutées sur les exemples à la fin de chapitre.

Pour simplifier les notations nous abandonnons les termes constants multiplicatifs et notons la transformée de Fourier par $TF[\ ]$. En repartant de l'expression exacte (4.6) en coordonnées cartésiennes, nous pouvons développer le courant dipolaire sur les modes normaux avec la relation (4.8). Nous faisons l'hypothèse de décorrélation entre les modes normaux, ce qui revient à ne pas prendre en compte les termes croisés. C'est l'objectif que l'on se fixait en imposant la

4.5. Décomposition du spectre infrarouge

contrainte (3.5 : $<q_k\,q_l>=\delta_{kl}$) pour le calcul de ces modes [2]. On se ramène ainsi à une simple somme :

$$\begin{aligned} IR(\omega) &= TF\left[<\dot{\mathbf{M}}(0).\dot{\mathbf{M}}(t)>\right] \\ &= \sum_k TF\left[<(\frac{\partial \mathbf{M}}{\partial q_k}\dot{q}_k)(0).(\frac{\partial \mathbf{M}}{\partial q_k}\dot{q}_k)(t)>\right] \end{aligned} \qquad (4.11)$$

Pour calculer les termes $\frac{\partial \mathbf{M}}{\partial q_k}\dot{q}_k(t)$ de la fonction de corrélation, la relation (4.10) est utilisée pour évaluer les moments dipolaires de transition et nous faisons un développement similaire pour les vitesses $\dot{q}_k$:

$$\dot{q}_k(t) = \frac{\partial q_k}{\partial S_t}\frac{\partial S_t}{\partial x_i}\dot{x}_i$$

Les premiers termes sont les éléments de $\mathbf{Z}^{-1}$, l'inverse de la matrice des modes normaux. Le deuxième est la matrice de Wilson $\mathbf{B}$ dépendante de la configuration instantanée, et le dernier la vitesse d'un noyau en coordonnées cartésiennes.

Comme dans l'expression (4.7), nous supposons une décorrélation entre les positions et les vitesses. Ici, c'est une hypothèse que nous faisons sur les fonctions de corrélation temporelles [3]. La fonction de corrélation est alors séparée en deux fonctions de corrélation des positions et des vitesses :

$$IR(\omega) = \sum_k TF\,[<\frac{\partial \mathbf{M}}{\partial q_k}(0).\frac{\partial \mathbf{M}}{\partial q_k}(t)><\dot{q}_k(0)\dot{q}_k(t)>] \qquad (4.12)$$

La transformée de Fourier d'un produit de fonction est la convolution de leurs transformées, ce qui permet d'écrire (4.12) sous une forme équivalente, en y intégrant le spectre de puissance des coordonnées normales :

$$IR(\omega) = \sum_k TF[<\frac{\partial \mathbf{M}}{\partial q_k}(0).\frac{\partial \mathbf{M}}{\partial q_k}(t)>] \otimes TF[<\dot{q}_k(0)\dot{q}_k(t)>] \qquad (4.13)$$

Cette dernière relation met en avant le fait que les largeurs des bandes infrarouges proviennent à la fois des anharmonicités du potentiel et du tenseur APT. On a tout de même préféré l'utilisation de la première forme (4.12). Les fonctions de corrélation $<\dot{q}_k(0)\dot{q}_l(t)>$ sont alors obtenues par la transformée de Fourier inverse des spectres de puissance, de cette manière leurs tailles sont adaptables à la durée disponible sur les tenseurs APT. Cela permet de combiner la statistique de la dynamique entière pour obtenir le spectre vibrationnel, et seulement une partie de la trajectoire pour le calcul des tenseurs APT.

---

2. La contrainte impose une décorrélation moyenne sur toute la gamme de fréquence, et non pour toutes les valeurs de ω. La relation (3.11) nous assure tout de même que ces termes sont faibles.
3. Dans (4.7) cela était exact car nous l'appliquions sur la variance, en $t=0$.

On peut également distinguer l'influence de la rotation. En réécrivant les moments dipolaires de transition comme $\partial \mathbf{M}/\partial q_k = |\partial \mathbf{M}/\partial q_k| \, \mathbf{u}(t)$ avec $\mathbf{u}(t)$ le vecteur unitaire du dipôle, et en supposant un découplage rotation-vibration entre ces termes, on obtient :

$$IR(\omega) = \sum_k TF\, [<|\frac{\partial \mathbf{M}}{\partial q_k}(0)|.|\frac{\partial \mathbf{M}}{\partial q_k}|(t)> <\mathbf{u}_k(0).\mathbf{u}_k(t)> <\dot{q}_k(0)\dot{q}_k(t)>] \qquad (4.14)$$

Les couplages peuvent ainsi être éliminés en supprimant la fonction de corrélation des vecteurs unitaires de la transformée de Fourier. On illustrera cette méthode sur la dynamique du formaldéhyde en phase gazeuse.

Dans l'approximation (4.13), la règle de somme est toujours valable. La normalisation imposée sur les spectres de puissance des coordonnées normales permet d'exprimer le spectre infrarouge comme :

$$IR(\omega) = \sum_k A_k \, TF[<\dot{q}_k(0)\dot{q}_k(t)>] \qquad (4.15)$$

où A_k est calculé comme la variance du tenseur APT au cours de la dynamique :

$$A_k = <|\frac{\partial \mathbf{M}}{\partial q}(0)|^2>$$

Si on suppose de plus que la relation entre le dipôle et les déplacements atomiques est parfaitement linéaire, on peut écrire le moment dipolaire total comme :

$$\Delta \mathbf{M} = \sum_\alpha \mathbf{P}_0^{(\alpha)} \, \Delta x_\alpha$$

avec $\mathbf{P}_0^{(\alpha)}$ le tenseur APT calculé sur une configuration d'équilibre. Cette expression provient d'un développement limité au premier ordre du moment dipolaire, elle est généralement nommée approximation harmonique électrique. On néglige ici les anharmonicités et on évalue l'intensité de la bande k à l'aide d'un unique tenseur :

$$A_k^0 = |\frac{\partial \mathbf{M}}{\partial q}|^2$$

On rerouve alors exactement l'expression du coefficient d'absorption des calculs statiques à température nulle. Si on considère que les modes de vibration sont également harmoniques (approximation double-harmonique : mécanique et électrique), alors les spectres des coordonnées normales sont aussi des fonctions de dirac et on retrouve la relation (4.2) :

$$IR(\omega) = \sum_k A_k^0 \, \delta(\omega - \omega_k)$$

4.6 Exemples d'application

L'objectif de la méthode est l'interprétation des bandes d'absorption infrarouge calculées à partir de dynamiques moléculaires. Nous ne corrigeons pas les défauts inhérents aux courtes durées de simulation, comme une mauvaise équipartition de l'énergie cinétique. Nous discutons ici les diverses approximations évoquées, les spectres de référence sont ceux obtenus par les méthodes habituelles en dynamique moléculaire : TF des fonctions de corrélation des dipôles et des courants dipolaires. Pour cela, nous avons calculé les moments dipolaires et un ensemble de tenseurs APT le long des dynamiques de l'eau, du formaldéhyde en phase gazeuse et de NMA en phase aqueuse.

4.6.1 Eau liquide

Sur la figure (4.1) nous présentons à gauche les données expérimentales publiées par Segelstein [92]. Nous avons représenté séparément les deux termes qui interviennent dans le facteur d'absorption : l'indice de réfraction de l'eau $n(\omega)$ et l'absorbance $\alpha(\omega)$. L'indice de réfraction varie de près de 30 % dans la gamme de l'infrarouge. Sur la figure en bas, le produit de ces deux grandeurs est tracé en noir. Nous y avons également représenté les profils obtenus par la dynamique moléculaire Car-Parrinello. On compare l'ensemble des méthodes numériques présentées. Les spectres que nous qualifions de référence sont donnés par la transformée de Fourier de la fonction de corrélation des dipôles (4.4 en mauve), et par celui du courant dipolaire en coordonnées cartésiennes (4.6 en orange) avec un ensemble de tenseurs APT calculés au cours de la dynamique. Les spectres obtenus par la somme de toutes les bandes calculées par la méthode de reconstruction figurent en rouge (4.12 avec un ensemble de tenseurs APT au cour de la dynamique) et en bleu (4.15 avec un tenseur APT calculé sur la première configuration). La décomposition en bandes individuelles est représentée sur la figure de droite. Nous avons appliqué des filtres exponentiels de largeurs différentes sur les spectres afin de les lisser et de reproduire au mieux la courbe expérimentale.

Ces courbes reproduisent bien le spectre expérimental entre 0 et 2000 cm^{-1} en termes de formes, de positions et d'intensités. Les bandes avant 1000 cm^{-1} correspondent aux stretchs intermoléculaires des liaisons hydrogènes et aux librations. Elles n'apparaissent pas dans notre reconstruction car nous avons effectué une moyenne sur les 32 molécules d'eau et avons éliminé ces mouvements d'ensemble par l'utilisation des coordonnées internes. La bande à 1600 cm^{-1} est liée au bending H-O-H. Les bandes de stretchs O-H calculés à environ 3000 cm^{-1} sont trop intenses, et les fréquences sous-estimées d'environ 500 cm^{-1}. Cet écart est expliqué d'une part par les défauts de la fonctionnelle utilisée (BLYP) à reproduire les mouvements les plus rapides des atomes d'hydrogène, et d'autre part par la nature particulière de l'eau. Les fortes

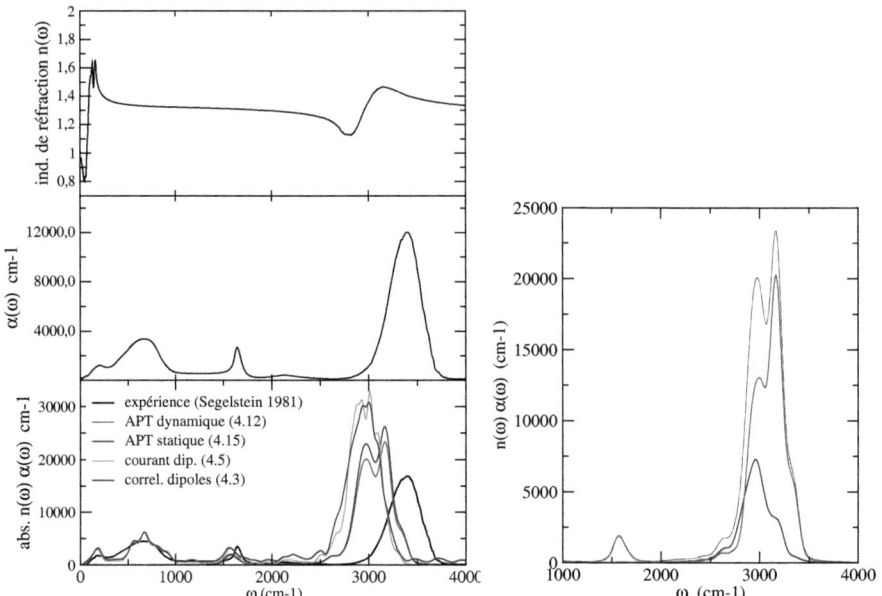

FIGURE 4.1 : Comparaisons entre le spectre infrarouge expérimental de l'eau liquide (noir), ceux calculés par dynamique Car-Parrinello par la corrélation des dipôles (4.4 en orange) et du courant dipolaire en coordonnées cartésiennes (4.6 en mauve), ainsi que les spectres reconstruits à partir des modes normaux effectifs et le tenseur APT de la première configuration (4.15 en bleu) ou sur toute la trajectoire (4.12 en rouge). A droite la décomposition en bandes de la courbe rouge.

liaisons hydrogènes rendent ce liquide difficile à modéliser. Les fonctions de corrélation radiale et les grandeurs dynamiques comme la diffusion indiquent que le système simulé est un peu trop "gelé", proche d'un liquide fondu quand il est simulé à 300 K [93]. Les intensités totales calculées comme l'intégrale des spectres sur les fréquences sont présentées dans le tableau (4.1). Notre simulation surestime les intensités de 60 %. L'accord des méthodes de reconstruction des modes est fortuite, car les modes de libration ne sont pas présents dans ces derniers. On note toutefois le faible écart entre les deux méthodes de corrélation des dipôles et des courants dipolaires, ainsi qu'entre celles de reconstruction du spectre à partir des modes normaux effectifs. Sur la figure de droite chaque bande est représentée séparément. A 1600 cm^{-1} seul le mode de bending (en vert $A_b = 4.5e^5$ cm^{-2}) est présent, par contre la large bande des stretchs O-H est une superposition

4.6. Exemples d'application

Méthode	Intensité totale(10^7 cm^{-2})
Expérience	1.02
Corrél. dipôles	1.7
Courant dipolaire	1.6
APT dynamique	1.02
APT statique	1.1

TABLE 4.1 : Intensités totales des spectres infrarouges.

des modes symétriques et anti-symétriques, respectivement en bleu ($A_{st.sym.}$=2.7e^6 cm^{-2}) et en rouge ($A_{st.asym.}$=7e^6 cm^{-2}). On voit que ce dernier est le plus intense, il représente 70 % de l'intensité infrarouge totale.

4.6.2 Mouvements de rotation : le formaldéhyde en phase gaseuse

Les spectres vibrationnels particulièrement étroits du formaldéhyde dans la dynamique à 30 K sont peu modifiés par la prise en compte des corrélations des tenseurs APT (Fig. 4.2). En intensité, les modes sont par contre très différemment pondérés par les moments dipolaires de transition associés aux modes de vibration. Deux bandes ressortent particulièrement, le stretch C=O (en bleu) et les stretchs C-H symétriques (en jaune). Durant la dynamique moléculaire de 7 ps du formaldéhyde en phase gazeuse, la molécule subit une rotation de 180°. Le spectre infrarouge calculé par la corrélation des dipôles présente une forte bande d'absorption aux faibles fréquences (non présenté). Le couplage rotation-vibration se traduit par des bandes d'absorption séparées en deux (figure de gauche) à des fréquences : $\omega_k - \Delta\omega_{rot}$ et $\omega_k + \Delta\omega_{rot}$ pour le mode de vibration k et une fréquence de rotation d'ensemble ω_{rot}.

Dans la relation (4.14), le moment dipolaire de transition est décomposé en norme et en direction. Si on exclut la fonction de corrélation temporelle des vecteurs unitaires $<\mathbf{u}(0).\mathbf{u}(t)>$ de la transformée de Fourier (4.14), on supprime ce couplage (figure de droite). Les intensités semblent différentes entre les deux spectres, mais l'intensité totale est parfaitement conservée. Ce couplage introduit une largeur supplémentaire de 50 cm^{-1}, comme on le voit sur les aggrandissements du mode de stretch C=O.

4.6.3 Approximations de décorrélation : NMA en phase liquide

La molécule de N-méthyl-acétamide (NMA) sera étudiée plus précisément dans le chapitre 5 consacré aux peptides et polypeptides. Ici, nous discutons seulement le profil global des

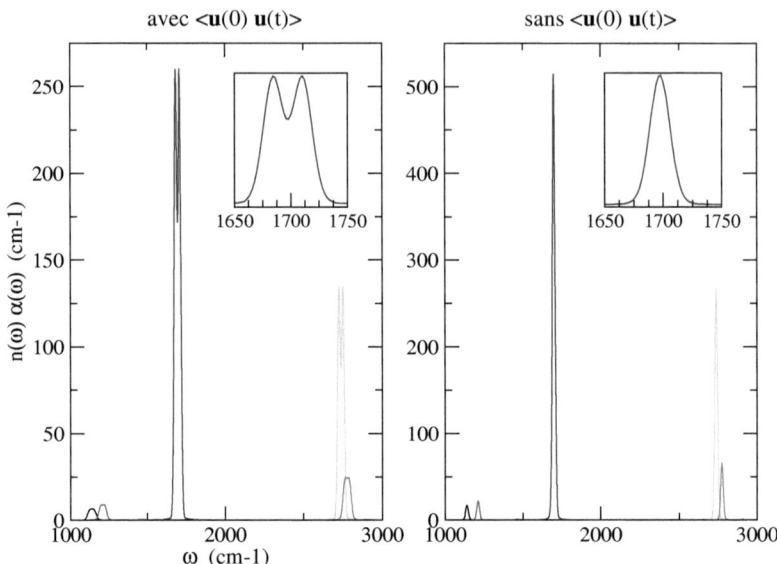

FIGURE 4.2 : Décompositon du spectre infrarouge du formaldéhyde, avec et sans les termes de corrélation des vecteurs unitaires des moments dipolaires de transition.

spectres infrarouges. La figure (4.3) présente les spectres calculés à partir de la dynamique moléculaire de Trans-NMA en phase liquide à 300 K.

Les spectres de référence correspondent à la courbe orange, calculés par la TF de la fonction de corrélation des dipôles (4.4) sur les 7 ps de la dynamique, et par celle du courant dipolaire en coordonnées cartésiennes (4.6) représenté en mauve. Cette méthode requiert le calcul des tenseurs APT, et seulement une picoseconde de dynamique a été utilisée pour cela. Bien que des filtres soient appliqués sur les fonctions de corrélation, il ressort que le calcul à partir de la fonction de corrélation du dipôle présente des bandes plus détaillées. Sur une plus grande durée de dynamique, le théorème de Niquist assure une description plus fine en fréquence (Annexe B.2).

D'un autre coté les tenseurs APT sont calculés exactement sur la surface Born-Oppenheimer, la fonction d'onde est optimisée pour chaque configuration du système contrairement aux dipôles calculés pendant la dynamique. En conséquence les différences observées entre les deux spectres sont un décalage en fréquence d'une bande (vers 1450 cm^{-1}), et la disparition d'une autre à

4.6. Exemples d'application

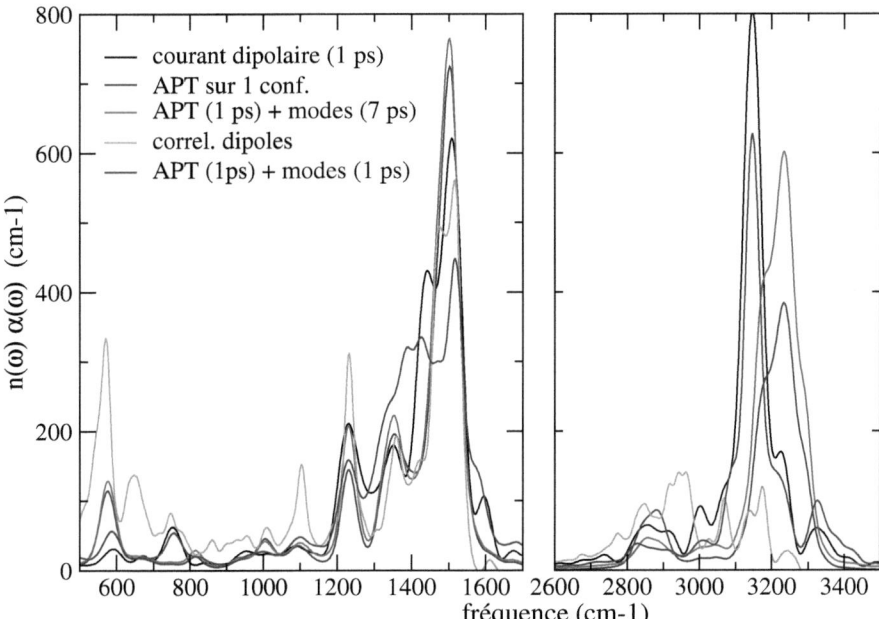

FIGURE 4.3 : Spectre infrarouge total de NMA calculé par les différentes méthodes, sur des durées de simulation de 1 et 7 ps.

1600 cm^{-1}. Sur la figure de droite nous regardons les hautes fréquences de vibration des stretchs C-H et N-H. L'effet de la masse fictive μ (500 m.u.a dans cette dynamique) est ici importante, les dipôles reproduisent mal la forme et l'intensité des bandes.

Les trois autre courbes ont été calculées à partir de la méthode de localisation des modes. L'expression (4.12) permet d'utiliser la dynamique entière pour le calcul des modes de vibration effectifs, et les fonctions de corrélation des tenseurs APT sur seulement 1 ps. Cette courbe en rouge reproduit plutôt bien les deux précédentes. Les 2 bandes qui formaient des épaulements sont perdues, ou incluses dans une seule plus intense. Les bandes aux hautes fréquences, plus larges que celles en noir, redonnent une intensité correcte, si on compare l'intensité totale, c'est à dire les intégrales des bandes.

Pour avoir une idée de l'influence des durées de simulation et de la dynamique des tenseurs

APT, des calculs mixtes ont été effectués. La courbe mauve utilise seulement une picoseconde de dynamique pour le calcul des modes effectifs, celle sur laquelle les tenseurs APT ont été évalués. Le résultat est assez différent, la bande entre 1400 et 1600 cm^{-1} est bien plus large, les épaulements qui étaient présents avec les courants dipolaires réapparaissent, on en conclut à un artéfact de la durée de la simulation. Les stretchs C-H sont bien mieux localisés et très proches de la courbe noire. L'intensité semble mieux prise en compte avec les tenseurs APT qu'avec les dipôles.

D'un autre coté nous avons utilisé l'ensemble de la dynamique pour calculer les modes effectifs de vibration, mais seulement une configuration proche de l'équilibre pour déterminer les intensités infrarouges via le tenseur APT ; c'est la relation (4.15). La courbe bleue est proche de la rouge qui tient compte de la dynamique des tenseurs APT, les bandes se situent évidemment aux mêmes fréquences, mais les intesités ne sont que peu modifiées. De plus, certaines bandes qui n'étaient pas actives avec le courant dipolaire à 600 et 1000 cm^{-1} sont en partie reproduites, bien que toujours sous évaluées comparées à celles obtenues à partir des dipôles. La bande à 1100 cm^{-1} seulement active avec la corrélation des dipôles, et celle à 750 cm^{-1} que nous ne sommes pas capable de reconstruire, ne sont pas expliquées.

De ces exemples, et particulièrement de celui d'un soluté immergé dans un solvant, il semble que les anharmonicités vibrationnelles soient principalement responsables des élargissements des bandes : l'évaluation d'un tenseur APT sur une configuration à l'équilibre, ou même sur une configuration quelconque de la dynamique (eau liquide et NMA en phase aqueuse), suffit à reproduire correctement les intensités. Une durée de simulation importante, ou une plus grande statistique comme dans le cas des 32 molécules d'eau, est nécessaire pour reproduire correctement les spectres infrarouges.

La méthode de reconstruction du spectre infrarouge est en bon accord avec les calculs habituels à partir des dipôles ou des tenseurs APT. Elle représente bien l'ensemble du spectre infrarouge, également pour les hautes fréquences, et ce pour un temps de calcul plus faible que celui nécessaire à l'évaluation de nombreux tenseurs APT. Cette conclusion est valide pour des systèmes moléculaires qui ne subissent pas de changements conformationnels importants ; la rotation d'un groupe fonctionnel est toutefois bien pris en compte par l'utilisation des coordonnées internes.

Chapitre 5

Peptides et polypeptides

Peptides et polypeptides

Le groupe peptidique CO-NH avec le carbone C_α constituent le squelette des protéines. Les acides aminés (AA) se lient au groupe $C_\alpha H$, leur séquence caractérise la molécule et ses propriétés d'interaction avec les autres composés biologiques [94]. Les chaînes peptidiques sont de longueurs variables : seuls deux acides aminés sont présents dans l'aspartame (édulcorant de synthèse E951), mais elles en comportent plusieurs centaines dans les protéines. La figure (5.1) représente une chaîne peptidique. La séquence des acides aminés donne la structure primaire des protéines. Dans ce shéma les extrémités représentées NH_3^+ (N-terminal) et COO^- (C-terminal)

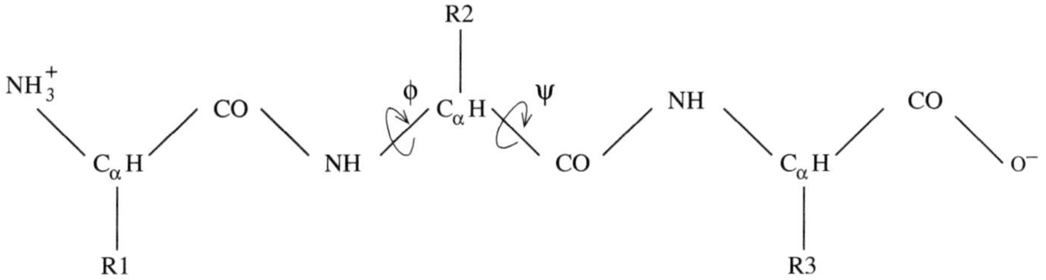

FIGURE 5.1 : Schéma d'une chaîne peptidique, les acides aminés (résidus R) sont liés aux atomes de carbone C_α.

sont chargés dans l'eau de pH 7.

Les protéines présentent des structures spatiales tridimensionnelles complexes. La liaison peptidique entre le carbone et l'azote C-N est particulière, sa longueur est plus faible que les liaisons simples habituelles. Ce n'est pas non plus une liaison double, mais la rotation autour de la liaison C-N est restreinte. Par contre les rotations autour des liaisons N-C_α (angle ϕ) et C_α-C (angle ψ) sont moins contraintes, et des conformations variées apparaissent suivant les séquences d'acides aminés. Ces angles décrivent les structures secondaires des protéines. On observe des structures variées : des feuillets, des boucles, des hélices.

Dans le cadre des dynamiques moléculaires quantiques, nous sommes bien entendu limités par la taille des systèmes. Nous pouvons étudier précisément de petits fragments, et regarder les signatures de diverses conformations et d'un environnement liquide, généralement de l'eau. Avec cet objectif M.P.Gaigeot a effectué des dynamiques Car-Parrinello de molécules modèles contenant de une à sept liaisons peptidiques, en phase gazeuse et li-quide. La méthode de localisation des modes de vibration apporte une description précise et quantitative sur la nature des modes et l'interprétation des spectres infrarouges. Nous présentons l'application de la méthode à NMA (1 liaison peptidique) sous deux conformations possibles Cis et Trans, en phase gazeuse et liquide. Puis nous traitons un système de plus grande taille, l'octa-alanine (7 liaisons peptidiques) en hélice α, et son intérêt dans l'étude des couplages entre les modes Amides.

5.1 N-Méthyl-Acétamide : le modèle de la liaison peptidique.

Pour toutes les molécules étudiées, nous avons pris comme résidu l'alanine (groupe méthyle CH_3). La molécule de N-méthyl-acétamide (NMA) est la plus simple qui contienne une liaison peptidique. Elle peut exister sous 2 conformations, en fonction de la valeur de l'angle dièdre

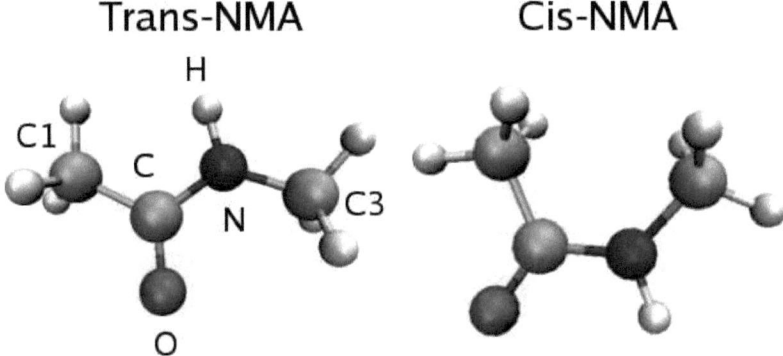

O-C-N-H : les conformères Cis et Trans. La liaison peptidique est rigide, la barrière d'énergie Cis-Trans étant d'environ 20 kcal/mol (calculs quantiques DFT). Dans nos dynamiques, nous n'avons pas observé de changement de configuration.

Les dynamiques moléculaires de ces composés ont été effectuées en phase gazeuse à 20 K, et en phase liquide à 300 K avec une cinquantaine de molécules d'eau traitées au même niveau quantique de description. Les analyses de ces dynamiques ont été publiées [9]. Nous présentons l'étude faite par la méthode de localisation des modes aux dynamiques en phase gazeuse, et seulement la conformation Trans pour la phase liquide.

5.1.1 Spectres infrarouges

Sur la figure (5.2), nous présentons les spectres infrarouges de Trans-NMA en phase gazeuse et liquide. A gauche l'ensemble de la gamme infrarouge est couverte, et à droite est représentée la décomposition en modes normaux effectifs sur la zone des modes Amides I à Amide III.

Les spectres calculés par la fonction de corrélation du dipôle (4.4), par le courant dipolaire en coordonnées cartésiennes (4.6), et par la reconstruction à partir des modes normaux effectifs sont en accord en termes de fréquences et d'intensités d'absorption. Un décalage apparaît tout de même au-delà de 2500 cm^{-1}. Les spectres ont des profils très différents en phase gazeuse et liquide. A faible température (20 K) et en phase gazeuse, la dynamique est très harmonique : les bandes sont piquées aux fréquences d'absorption. En phase liquide deux larges bandes apparaissent entre 1200 et 1600 cm^{-1} et entre 3000 et 3500 cm^{-1}.

La décomposition en modes effectifs de vibration montre effectivement que les bandes se sont élargies et se recouvrent plus en passant de la phase gazeuse à la phase liquide. On voit également un décalage important en fréquence des modes Amides (vert,bleu et rouge). On retrouve bien les décalages vers le bleu de +64 et +73 cm^{-1} des modes Amides III et II de l'étude [9]. Nous voyons de plus ici l'inversion dans les intensités des modes : alors que le mode Amide I se démarque largement à 1600 cm^{-1} en phase gazeuse, il perd de son intensité en phase liquide et se décale de -100 cm^{-1}. La large bande à 1500 cm^{-1} est alors une superposition des deux modes Amide I et Amide II. Les modes de déformation des groupes méthyles ne varient que peu en fréquence, ces groupes hydrophobes sont moins influencés par le solvant. Toutefois on note des changements dans leurs intensités, 2 bandes ne sont plus indiquées sur le schéma de la phase liquide car leurs intensités sont devenues négligeables.

L'environnement et la température ont une influence importante sur le spectre infrarouge. Nous voulions souligner directement ce point, mais une analyse détaillée des modes de vibration est nécessaire pour obtenir ces attributions, et comprendre l'origine des modifications.

5.1.2 Analyse des modes de vibration et de leurs intensités infrarouges associées

L'attribution des bandes Amides a été effectuée à partir de la distribution d'énergie potentielle (PED, voir 3.94). Entre 1100 et 1700 cm^{-1}, les fréquences des modes obtenus par le

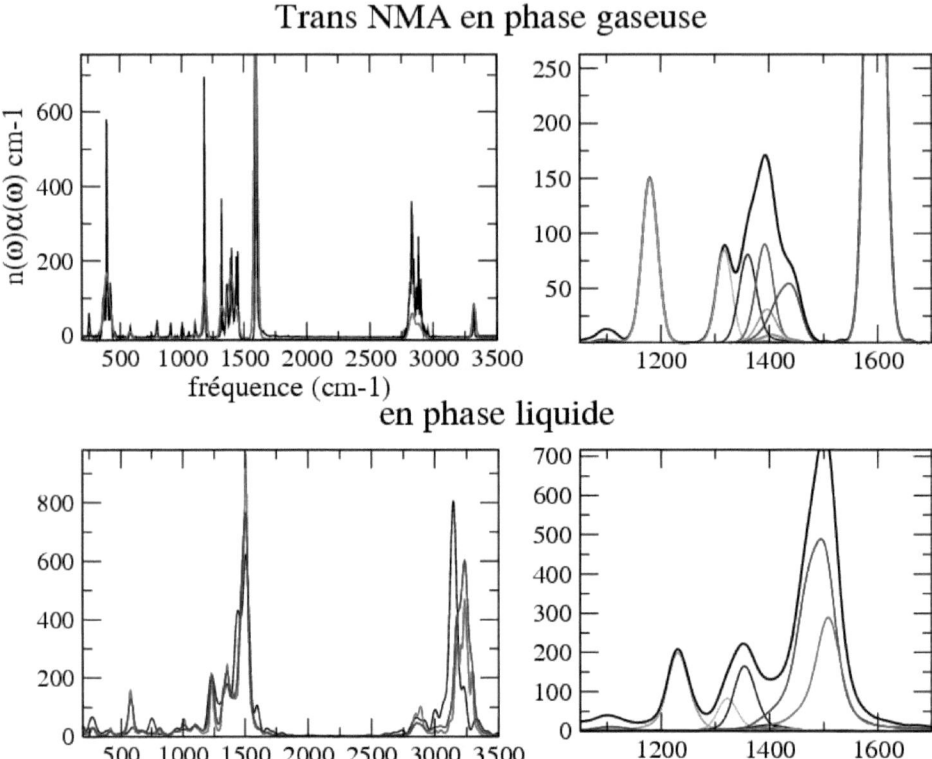

FIGURE 5.2 : Spectres infrarouges de Trans NMA en phase gaseuse à 20K et en phase liquide à 300 K. A gauche les spectres complets : en noir par la TF de la fonction de corrélation des dipôles (1.24), en rouge à l'aide d'un tenseur APT à l'équilbre (4.15) et en bleu avec le tenseur APT sur une statistique d'une ps (4.12), seulement pour la phase liquide. A droite la reconstruction du spectre par mode : la somme totale (en noir), et les bandes actives (vert :Amide III, bleu :Amide II, rouge :Amide I, orange et noir pour les déformations symétriques des groupes méthyles $C1H_3$ et $C3H_3$).

SEVPG ($\sqrt{\omega_q^2}$) et leurs compositions en termes de coordonnées internes symétrisées de Pulay sont présentées dans le tableau (5.1).

Les 5 modes normaux d'intensités les plus importantes de la dynamique de Trans-NMA en phase liquide sont dessinés sur la figure (5.4). Ces modes caractéristiques sont aussi en partie présents dans les autres dynamiques. Comme sur les schémas précédents, les mouvements

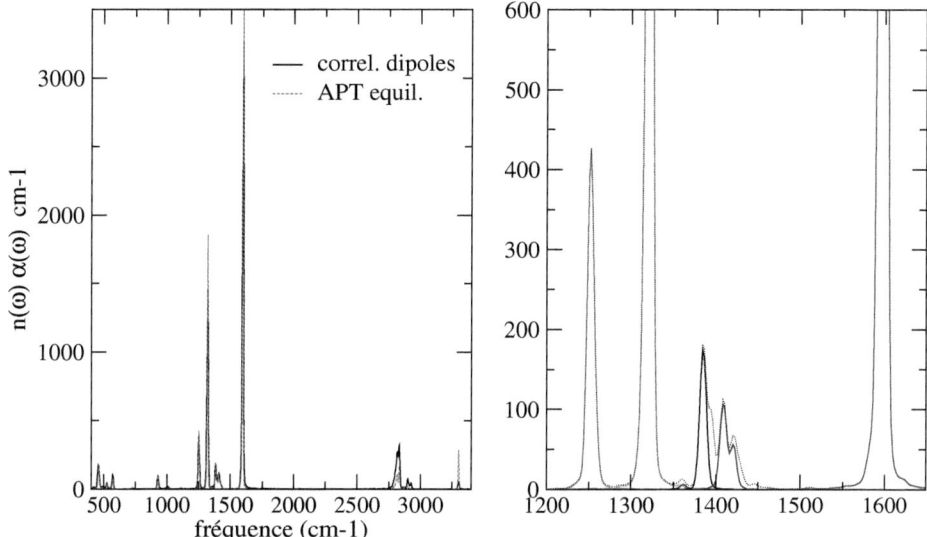

FIGURE 5.3 : Spectre infrarouge de Cis-NMA en phase gazeuse. Pour les couleurs, voir les commentaires de la figure (5.2)

atomiques sont représentés par des flèches orange ; la flèche rouge indique de plus la direction des moments dipolaires de transition, le vecteur unitaire de $\partial \mathbf{M}/\partial q_k$ associé au mode de vibration k.

Pour Trans-NMA, la nature du mode Amide III est peu modifiée entre la phase gazeuse et liquide, il est composé principalement du stretch C2-N et du bending du groupe amine N-H, avec un couplage au stretch du groupe carbonyle (C=O). Sa fréquence est par contre translatée de 64 cm^{-1} vers le bleu en phase condensée. Pour Cis-NMA, un mouvement de déformation symétrique du groupe méthyle C1 ressort principalement de la PED, mais les mouvements qui caractérisent le mode Amide III sont toutefois présents.

Les déformations symétriques des groupes méthyles C1H$_3$ et C3H$_3$ sont intenses car les mouvements de chaque hydrogène sont en phase et créent une grande variation du dipôle. Les fréquences de ces deux modes sont bien séparées, de 25 à 43 cm^{-1} sur l'ensemble des dynamiques, cela est dû à leur environnement proche qui n'est pas équivalent. On note que pour le groupe C1H$_3$ de fréquence plus faible, le mouvement est "pur" (plus de 90% de déformation symétrique), alors que pour le groupe C3H$_3$ il est généralement combiné à un bending N-H.

Le mode Amide II est caractérisé par un bending du groupe amine couplé à un stretch

Mode	Freq. (cm^{-1})	Intens. (km/mol)	Composition par la PED
\multicolumn{4}{c}{Cis-NMA en phase gazeuse}			
Amide III	1255	58.9	C1 sym.def. :47%, st.C2-N :22%, b.N-H :7%
C1 sym.def	1322	217.5	C1 sym.def. :98%
Amide II	1365	0.9	b.N-H :42 %,st.C=O :32%
Méthyl def.	1396	22.3	C1 asym.def. :61%, C3 sym.def. :28%
Méthyl def.2	1413	20.7	C1 asym.def. :46%, C3 asym.def. :39%
Amide I	1598	451.4	st C=O : 92%, b. N-H : 4%
\multicolumn{4}{c}{Trans-NMA en phase gazeuse}			
Amide III	1179	63.7	st.C2-N :32%, b.N-H :30%, st.C=O :12%
C1 sym. def.	1320	33.0	C1 sym.def. :95%, C1 asym.def. :3%
C3 sym. def.	1363	36.7	C3 sym.def. :77%, b.N-H :11%
Méthyl def.	1394	40.2	C1 asym.def. :85%, b.N-H :4%
Amide II	1420	37.6	b.N-H :42%, C3 sym.def. :17%, st.C2-N :10%
Amide I	1596	330.7	st.C=O :95%, b.N-H :2%
\multicolumn{4}{c}{Trans-NMA en phase aqueuse}			
Amide III	1243	124.8	st.C2-N :38%, b.N-H :35%, st.C=O :12%,
C1 sym. def.	1349	47.3	C1 sym.def. :93%
C3 sym. def.	1374	99.2	C3 sym.def. :79%, b.N-H :6%
Amide II	1493	478.9	b.N-H :48%, st.C2-N :24%, C3 sym.def. :13%
Amide I	1515	235.9	st.C=O :54%, b.N-H :38%

TABLE 5.1 : PED et intensités infrarouge des modes de vibration entre 1100 et 1700 cm^{-1}, extraites des dynamiques moléculaires de Cis-NMA en phase gazeuse et Trans-NMA en phase gazeuse et liquide. Elles ont été obtenues à partir du tenseurs APT et d'une configuration de la trajectoire

de la liaison peptidique. On retrouve bien ce mode dans les deux dynamiques de Trans-NMA, mais décalées de plus de 70 cm^{-1} vers le bleu également et d'intensité bien plus élevée en phase liquide. Par contre, pour Cis-NMA la seule participation importante de ces mouvements se trouve à 1365 cm^{-1}, avec une intensité bien plus faible que pour les autres cas. Le mode Amide II semble peu actif pour Cis-NMA, contrairement à Trans-NMA.

Le mode Amide I est décalé vers le rouge en phase liquide. L'oxygène du groupe carbonyle est en liaisons hydrogènes avec les molécules d'eau du solvant, ce qui explique le décalage en fréquence du stretch C=O. De plus, ce mode de stretching très largement majoritaire en phase gazeuse (90%) est couplé avec le bending N-H en phase liquide. Ces propriétés de la double

5.1. N-Méthyl-Acétamide : le modèle de la liaison peptidique.

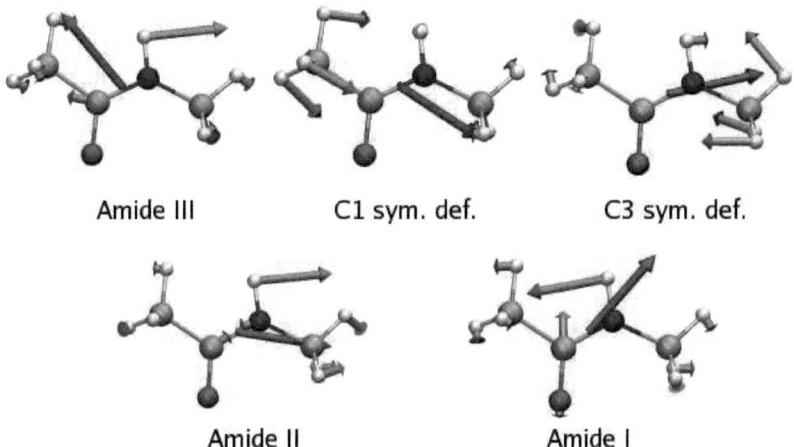

FIGURE 5.4 : Modes de vibrations actifs dans l'infrarouge de NMA en phase aqueuse, dans la gamme du mode Amide III (1240 cm^{-1}) au mode Amide I (1515 cm^{-1}).

liaison C=O semblent indépendantes de la conformation Trans ou Cis de NMA.

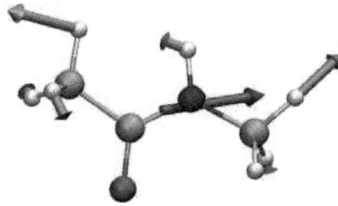

FIGURE 5.5 : Mode de déformation asymétrique des groupes méthyles C1H3 et C3H3 de Trans-NMA en phase gazeuse.

Des bandes intenses correspondants aux modes de déformations asymétriques des groupes méthyls apparaissent pour NMA en phase gazeuse (courbes mauves sur la figure 5.5). On ne trouve pas de telles signatures dans les dynamiques en phase liquide. Ils sont composés de mouvements de rotation et de rocking des groupes méthyles, qui dans le cas du groupe C3 se couple à nouveau au bending N-H.

5.2 chaînes peptidiques : une hélice d'octa-alanine

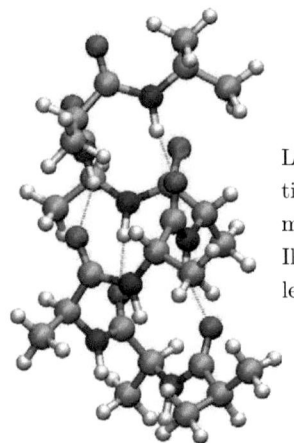

L'octa-alanine est composée d'une chaîne de sept groupes peptidiques. Elle possède une configuration stable dans une conformation d'hélice, stabilisée par les liaisons hydrogènes CO- - -NH. Il y en a quatre, environ deux pour chaque tour de l'hélice. Sur le schéma elles sont indiquées par des lignes pointillées.

La dynamique moléculaire de l'octa-alanine a été faite en phase gazeuse à 20 K, sur une durée de 11 ps. Ce système moléculaire comporte 84 atomes (246 modes normaux), c'est un test de notre méthode de décomposition à un sytème de taille plus importante. Sur la figure (5.6) le spectre infrarouge calculé par la fonction de corrélation du dipôle (en noir) est comparé à celui reconstruit à partir des modes normaux effectifs et d'un unique tenseur APT, évalué sur la première configuration de la dynamique (en rouge). Au-dessous, nous avons représenté les modes actifs dans les zones Amide I, II et III. Les bandes Amides sont composées d'un grand nombre de bandes. Les intensités de quelques bandes Amide II et III ressortent plus que les autres, dépendants de leurs positions sur la chaîne. Pour le mode Amide I on en distingue clairement sept, qui correspondent aux 7 groupes carbonyles de la chaîne. Leurs fréquences d'absorption se situent entre 1550 et 1575 cm^{-1}, à des valeurs intermédiaires entre les fréquences obtenues pour NMA en phase aqueuse et gazeuse. Les liaisons hydrogènes sont plus longues qu'avec les molécules d'eau du solvant, ici elles se créent entre les groupes carbonyles et amines. Ces modes de vibration ne sont pas les stretchs indépendants des 7 groupes carbonyles, on obtient des couplages importants même entre les groupes situés assez loin les uns des autres. Ces couplages se traduisent par des combinaisons de mouvements en phase ou hors phase des stretchs pour les modes Amide I, ou de bends pour les modes Amide II et III.

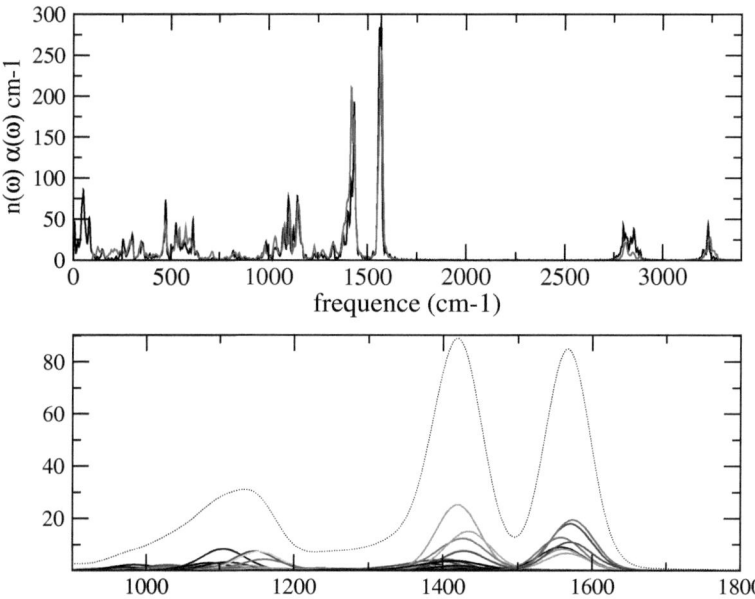

FIGURE 5.6 : Spectres infrarouges de l'octa-alanine, en haut calculé par la fonction de corrélation des dipôles (en noir) et par la méthode de reconstruction (en rouge). En bas les bandes Amides I, II et III avec l'application d'un filtre plus large.

5.2.1 Illustration des couplages vibrationnels des modes Amide I et Amide II sur la di-alanine

La complexité de l'octa-alanine rend difficile la représentation de ce phénomène. La di-alanine est une molécule plus petite, composée de deux liaisons peptidiques et présente des caractéristiques similaires. Sur la figure (5.7) sont représentés les deux modes Amides II et Amide I. On observe dans les deux cas un mouvement en phase (noté symétrique) et en opposition de phases (antisymétrique) des mouvements caractéristiques des modes Amides.

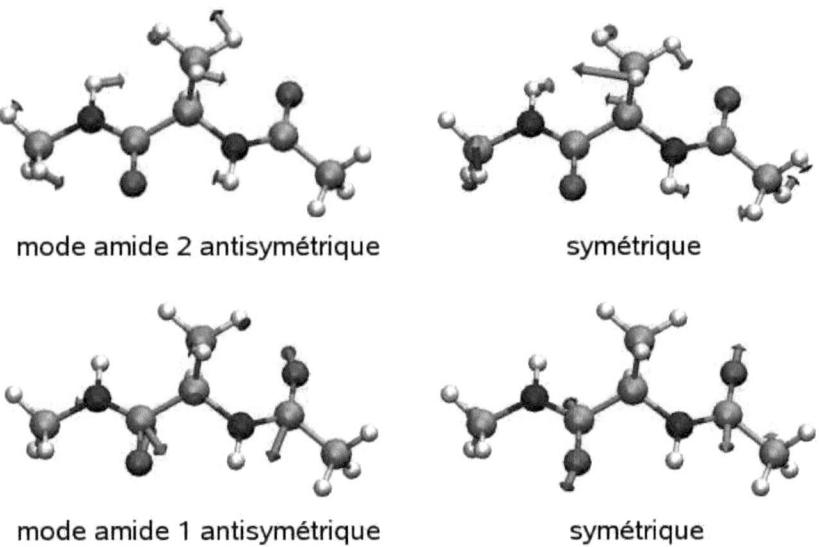

FIGURE 5.7 : Modes symétriques et antisymétriques Amide I et Amide II.

Sur ces exemples de polypeptides de différentes tailles, nous avons montré l'intérêt de la méthode de décomposition des modes pour l'interprétation des spectres infrarouges. Nous obtenons des conclusions similaires à nos travaux précédents, mais également une description quantitative des mouvements et des intensités d'absorption associées. Par la mise au point d'une méthode systématique, l'application à des systèmes moléculaires de plus grandes tailles comme l'octa-alanine est également possible.

Chapitre 6

Fucose Sulfaté

Fucose Sulfaté

Le α-L-fucose est un monosaccharide qui compose le fucoïdane, un polysaccharide extrait d'organismes marins : algues brunes et echinodermes (familles des oursins) [95]. Le fucoïdane est un carbohydrate étudié pour ses fonctions biologiques et son potentiel thérapeutique. Son composant est un sucre fucose, généralement trouvé sous forme sulfatée dans le milieu naturel avec plusieurs isomères possibles dépendant de la position du groupe sulfate (Fig. 6.1) [96]. L'objectif de l'étude menée par R. Daniel au laboratoire LAMBE à Evry est la caractérisation de la structure des polymères de fucoïdane. Les expériences menées sont la spectroscopie de masse, avec la formation initiale des ions par electrospray. Dans le cadre des monomères de sucre fucose, des mesures de spectroscopie infrarouge ont également été faites pour un isomère particulier, le fucose C3, que l'on est capable de séparer des autres.

Notre contribution théorique a été la détermination par calculs *ab initio* statiques des configurations les plus stables des différents isomères du monomère du sucre fucose. Nous avons réalisé des calculs d'optimisation de géométrie, et déterminé les fréquences de vibration dans l'approximation double-harmonique afin d'interpréter les expériences de spectroscopie infrarouge. Cela nous a permis de noter des modifications structurales comme l'élongation de certaines liaisons atomiques, qui corroborent les fragmentations observées en spectroscopie de masse. Cette étude a été publiée dans l'article [97].

Le travail que nous présentons ici est le prolongement de cette étude. Les comparaisons des analyses vibrationnelles statiques ne sont pas en très bon accord avec les spectres infrarouges expérimentaux. Nous avons donc commencé à réaliser des dynamiques moléculaires Car-Parrinello en phase gazeuse pour prendre en compte les effets de température de la dynamique et d'anharmonicité des modes de vibration. Les résultats sont encore préliminaires et les dynamiques doivent être poursuivies pour obtenir des résultats définitifs.

Dans une première partie nous présentons des résultats obtenus avec les études statiques, et ensuite l'analyse des dynamiques moléculaires ainsi que la reconstruction des spectres infrarouges à l'aide de la méthode de localisation des modes de vibration.

6.1 Etude statique

En première approche nous avons cherché à répertorier les configurations de plus basse énergie du fucose neutre et sulfaté, des anomères α et β , pour les 3 positions possibles du groupe sulfate (SO_3^-). Ce sont des calculs "tous électrons", les fonctions d'ondes sont la combinaison de gaussiennes centrées sur les noyaux. Les calculs ont été effectués avec la fonctionnelle BLYP, avec des comparaisons à B3LYP sur certaines configurations. La base sur laquelle sont calculées les fonctions d'onde est notée 6-31++G(d,p), qui utilise des orbitales étendues supplémentaires pour décrire plus précisément les effets de polarisation. Les programmes utilisés sont Gaussian98 et Gaussian03 [].

6.1.1 Optimisations de géométrie

Une trentaine de configurations d'équilibre ont été déterminées, ce nombre important est dû aux différentes orientations possibles des groupes hydroxyles (O-H). Sur la figure (6.1) nous représentons les configurations d'énergies minimum pour le sucre fucose α non sulfaté et pour chacune des positions du groupe sulfate, notées C2, C3 et C4.

	Sucre neutre		
Géométrie	N2 (β)	N3 (α)	N4 (β)
Δ Energie (a.u.)	0.0026	0.0022	0.0028
Δ E (eV)	0.0722	0.0610	0.0762
Δ E (kcal/mol)	1.66	1.4075	1.757
Avec ZPE			
Δ E (a.u)	0.00177	0.0026	
Δ E (eV)	0.048	0.0716	

	Sucre sulfaté C2		
Géométrie	C2-2(β)	C2-3(α)	C2-4(β)
Δ Energie (a.u.)	0.00164	0.0063	0.0074
Δ E (eV)	0.0045	0.1722	0.2014
Δ E (kcal/mol)	1.02	3.971	4.65
Avec ZPE			
Δ E (a.u)		0.0064	
Δ E (eV)		0.1728	

	Sucre sulfaté C3		
Géométrie	C3-2(β)	C3-3(β)	C3-4(α)
Δ E (a.u.)	0.00329	0.00511	0.0070
Δ E (eV)	0.0895	0.1391	0.1897
Δ E (kcal/mol)	2.06	3.21	4.3753
Avec ZPE			
Δ E (a.u)	0.00329		0.0067
Δ E (eV)	0.0894		0.1813

	Sucre sulfaté C4		
Géométrie	C4-2(β)	C4-3(β)	C4-4(α)
Δ E (a.u.)	0.00202	0.00456	0.005
Δ E (eV)	0.0550	0.1241	0.1361
Δ E (kcal/mol)	1.27	2.86	3.114
Avec ZPE			
Δ E (a.u)	0.0020		0.0046
Δ E (eV)	0.0550		0.126

TABLE 6.1 : Ecarts énergétiques pour chacun des isomères du sucre fucose α.

6.1. Etude statique   127

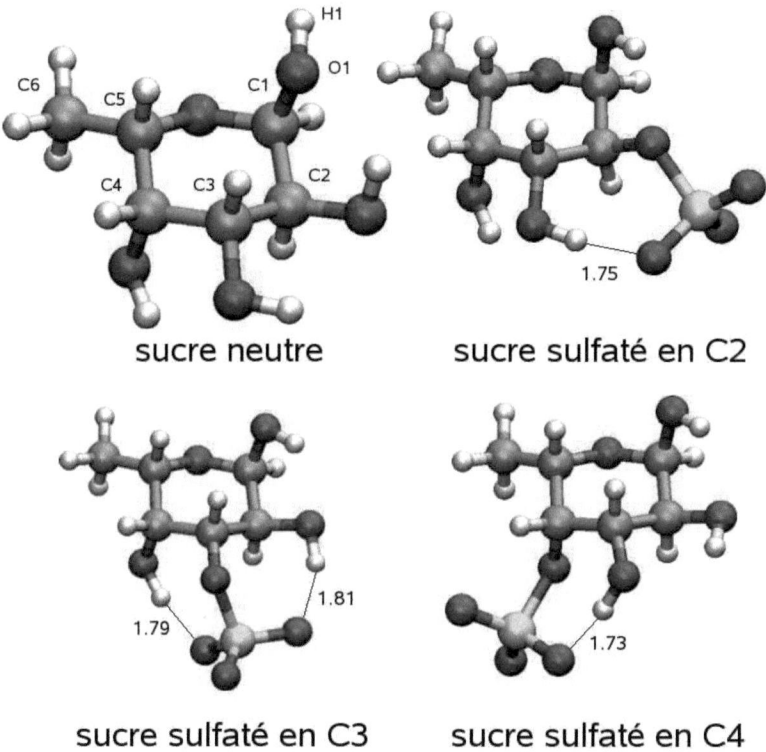

FIGURE 6.1 : Configurations d'énergies minimales des fucoses α neutre et sulfatés en positions C2, C3 et C4.

Le tableau (6.1) présente les écarts énergétiques entre les configurations les plus stables de chacun des isomères. Pour les anomères α, les corrections quantiques qui prennent en compte l'énergie de point zéro de l'état fondamental dans l'approximation harmonique (ZPE, $\sum_{i=1}^{3n-6} 1/2\, \hbar\omega_i$) sont également indiquées. Elles changent très peu les écarts et ne modifent pas l'ordre énergétique des configurations. En relation avec [98].

On trouve que la géométrie de la molécule est contrainte par de nombreuses liaisons hydrogènes, principalement entre les hydrogènes des groupes hydroxyles et les oxygènes du sulfate. Les hydroxyles forment également des liaisons hydrogènes entre eux : par exemple O1-H1 pour le fucose C3 interagit avec l'oxygène O2. On note que l'énergie d'une configuration où l'hydroxyle est pivoté de 180° est augmentée de 4.3 kcal/mol (C3-4).

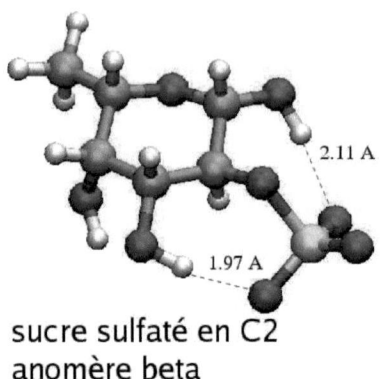

**sucre sulfaté en C2
anomère beta**

Les anomères α ont toujours une plus basse énergie. La figure ci-dessus présente l'anomère β du fucose sulfaté en C2. Bien que O1-H1 en orientation β forme une liaison hydrogène supplémentaire avec le sulfate, des contraintes supplémentaires s'exercent sur le cycle et l'énergie totale est supérieur de 1 kcal/mol à l'anomère α. Des études numériques de dynamique (classique) et quantique [99, 100], montrent que l'anomère β serait plus stable en solution, stabilisé par les interactions de l'hydroxyle anomérique avec le solvant. C'est l'orientation α qui est connue dans le fucoïdane, nous nous sommes donc restreints dans un premier temps aux 3 cas particuliers des sucres fucose α sulfatés en C2, C3 et C4.

6.1.2 Analyse vibrationelle sur les géométries d'équilibre

L'étude vibrationelle est faite par l'analyse en modes normaux (NMA) dans l'approximation harmonique. Le hessien est diagonalisé en coordonnées réduites et donne les fréquences de vibration. Les intensités infrarouges sont évaluées à l'aide des modes propres et de la relation (4.2). Le tableau (6.2) présente les 3n-6, soit 72 modes normaux. La description de ces modes a été faite de manière "visuelle" elle ne peut pas être précise ni détaillée. Nous pouvons tout de même délimiter des gammes de fréquence qui correspondent à un même type de mouvement, et se focaliser sur les bandes qui mettent en jeu le groupe sulfate et celles de plus fortes intensités.

Les plus faibles fréquences correspondent aux mouvements des groupes les plus lourds. Le sulfate apparait ici, ainsi que des mouvements de torsion du cycle. Les intensités sont faibles et aucune bande ne ressort avant 450 cm^{-1}. Faisons tout de même attention à l'interprétation des calculs réalisés dans l'approximation harmonique car les modes de faibles fréquences sont fortement anharmoniques.

TABLE 6.2: Analyse des modes normaux de vibration du fucose sulfaté à 0 °K pour les différents isomères du fusose α (C2, C3, C4) de plus basse énergie. Les fréquences sont encadrées lorsque des modes identiques sont clairement identifiables. Fonctionnelle BLYP, base 6-31++G**

No	freq.(C2) cm^{-1}	Int. IR km.mol^{-1}	freq.(C3)	Int. IR	freq.(C4)	Int.IR	assignation
1	31.05	.06	44.89	.12	37.49	.38	rock. SO$_3$
2	51.03	.357	87.12	2.573	57.25	1.184	
3	99.1	1.907	105.2	1.120	90.50	4.506	
4	109.41	.787	$\boxed{135.45}$	2.472	123.44	.389	mvt grp SO$_3$
5	$\boxed{144.53}$	9.97	151.36	11.016	151.306	4.759	mvt grp SO$_3$
6	156.52	6.232	$\boxed{173.25}$	5.836	$\boxed{163.20}$	5.922	
7	203.57	1.188	196.19	2.006	193.66	3.6	
8	215.61	1.008	219.39	1.098	212.98	7.972	rot. CH3
9	227.53	3.1	227.07	1.004	220.35	3.526	
10	242.99	1.515	250.31	1.634	255.53	5.944	
11	249.92	4.748	272.28	1.498	272.47	2.71	
12	298.89	1.334	295.77	2.539	289.84	.461	
13	307.67	3.758	314.21	1.917	340.12	1.822	⎫
14	349.54	2.479	358.95	6.174	358.75	5.996	⎬ t.SO$_3$+C2(C4)
15	389.58	1.46	373.28	3.983	368.135	5.008	
16	403.76	.631	389.13	6.405	391.07	7.83	⎭
17	414.81	6.844	425.52	9.784	411.74	1.487	
18	460.53	14.494	$\boxed{449.67}$	56.835	442.22	5.119	⎫ b. faible SO$_3$
19	$\boxed{471.24}$	57.162	475.53	29.747	$\boxed{449.72}$	39.629	⎭
20	487.81	18.603	487.14	20.675	487.3	20.32	bending SO3
21	512.04	51.664	492.18	3.938	504.78	27.896	
22	515.69	25.517	578.52	15.167	518.33	19.444	mvt (O)-S0$_3$
23	538.72	115.962	589.422	33.332	541.56	93.91	t. hydroxyles
24	567.79	171.98	595.78	187.088	582.26	185.922	def.sym. SO$_3$
25	629.37	26.77	628.77	55.399	591.03	24.269	
26	657.85	122.663	661.1	52.79	649.82	24.508	st. C-(O-S)
27	684.13	23.177	680.98	4.373	698.93	10.311	
28	742.83	72.118	701.78	80.352	734.99	118.713	t.hydroxyles
29	763.3	15.554	742.02	48.945	750.88	107.99	mvt C3,st.C-O,O-S
30	783.46	46.882	768.26	46.682	766.54	26.903	
31	846.08	10.361	838.62	3.912	836.73	16.91	
32	875.31	17.243	874.56	19.123	883.89	76.431	SO$_3$ faible, + C4
33	899.82	128.824	895.96	92.461	905.01	78.924	st.S-O(sym)
34	930.15	85.927	915.27	65.419	915.87	29.813	st. C3-C4
35	964.82	39.519	960.41	44.575	964.47	12.313	st. S-O(C3)
36	$\boxed{980.81}$	62.577	985.95	37.091	$\boxed{978.64}$	80.064	st (C-O)-S

Suite sur la page suivante →

No	freq.(C2)	Int. IR	freq.(C3)	Int. IR	freq.(C4)	Int.IR	attribution
37	994.46	139.085	1000.22	217.457	993.86	262.191	st.cycle et méthyl(C3)
38	1019.90	52.348	1019.08	62.582	1013.89	61.979	⎫
39	1041.21	36.594	1032.72	22.26	1041.07	9.95	⎬ st C-O
40	1055.55	49.316	1060.67	47.268	1063.09	142.089	⎭
41	1077.63	26.225	⌐1073.94¬	380.35	1074.59	7.637	st S-O(anti)
42	⌐1096.02¬	349.567	1082.38	37.523	⌐1088.40¬	328.483	st S-O(anti)
43	1122.73	20.7	1126.95	2.293	1113.22	25.405	
44	1135.15	35.771	1138.4	31.401	1134.21	12.329	
45	1173.71	283.27	1163.01	386.686	1169.47	277.687	st S-0(anti)
46	1201.61	56.458	1212.39	10.683	1200.69	30.935	bend. X-C-H
47	1233.72	49.674	1230.18	46.45	1240.44	10.511	et C-O-H
48	1250.23	22.407	1256.22	1.505	1246.62	54.743	
49	1267.47	43.496	1267.24	30.563	1260.34	4.373	
50	1292.41	16.749	1303.26	16.433	1289.48	20.743	
51	1301.94	15.443	1309.54	1.733	1300.82	.807	
52	1313.28	9.894	1319.87	33.859	1322.32	26.738	
53	1319.62	54.453	1321.22	21.507	1325.51	10.123	
54	1338.65	16.725	1351.97	15.086	1337.80	8.389	
55	1354.34	6.149	1360.87	29.531	1342.93	38.455	
56	1364.84	30.563	1369.76	17.997	1368.71	3.306	
57	1370.76	40.634	1376.68	31.335	1375.70	48.698	
58	1386.51	26.059	⌐1406.07¬	43.888	1380.15	11.668	
59	⌐1436.01¬	39.26	1420.11	18.143	1448.17	5.705	
60	1450.31	3.894	1449.02	4.235	⌐1455.58¬	43.47	
61	1466.71	2.674	1465.35	2.938	1462.06	4.746	
62	2861.28	80.476	2857.05	80.57	2929.21	7.998	st C-H du cycle
63	2922.08	27.339	2933.62	33.933	2940.15	49.986	
64	2939.20	58.350	2952.37	71.723	2946.08	72.413	
65	2966.16	50.94	2964.81	22.747	2957.83	42.185	
66	2970.54	48.086	2969.39	55.64	2974.71	44.575	
67	3001.61	10.488	3003.27	16.577	2989.46	29.516	
68	3031.75	35.033	3029.1	37.567	3036.93	29.978	
69	3058.75	19.245	3061.75	17.155	3066.34	12.519	
70	3208.15(H3)	842.181	3312.83(H2-4a)	161.853	3149.31(H3)	829.756	st O-H
71	3545.50(H4)	64.075	3336.96(H2-4s)	936.803	3567.44(H2)	74.565	
72	3567.21(H1)	78.751	3574.46(H1)	43.037	3577.67(H1)	21.42	

De 450 à 1173 cm^{-1}, les signatures du groupe sulfate sont nombreuses. Des modes intenses apparaissent à 450 cm^{-1}, et entre 570 et 595 cm^{-1} (mode 24) un mouvement de déformation symétrique (de "parapluie") est très intense ($\approx$ 180 kcal/mol), ainsi que des stretchs entre l'oxygène lié au carbone isomèrique et au soufre (respectivement 750 et 650 cm^{-1}). Les torsions et les bendings des groupes hydroxyles sont également intenses et ressortent particulièrement

6.1. Etude statique

sur le mode 23, 28 et 37 pour l'anomère C3. Les fréquences de ces modes vibration varient jusqu'à 50 cm^{-1} entre les isomères, ce qui montre une grande sensibilité de ces mouvements à leur environnement.

Les modes de stretchs des oxygènes du groupe sulfate S-O sont étendus sur une large gamme de fréquence. Il existe un mode symétrique bien isolé et présent autour de 900 cm^{-1} avec une intensité de 80 à 130 km/mol, et plusieurs antisymétriques près de 1080 et 1170 cm^{-1} qui sont très intenses : respectivement à 350 et 300 km/mol.

Sur la gamme allant de 900 à 1050 cm^{-1}, les stretchs entre les atomes du cycle sont présents. Le mode 37 ressort avec une intensité entre 140 et 260 km/mol, le stretch C1-O (oxygène du cycle) semble responsable car il est toujours présent dans ce mode, mais couplé à d'autres stretchs C1-C2, O-C5 ou des groupes hydroxyles CX-OX.

De 1200 à 1460 cm^{-1}, les modes sont constitués des bends impliquant les atomes légers d'hydrogènes : CX-OX-H et CX-H. Globalement les plus intenses mettent en jeu les groupes hydroxyles qui sont en liaison hydrogène avec les oxygènes du soufre.

La dernière zone débute à 2860 cm^{-1}. C'est la zone des stretchs C-H et O-H. Ces derniers sont pour certains très intenses, et les différences en fréquence constatées pour les modes 70 et 71 proviennent des atomes en liaisons hydrogènes. Ceux qui ne le sont pas vibrent à de plus hautes fréquences, vers 3570 cm^{-1}.

Afin de faciliter la représentation des fréquences vibrationnelles et des intensités infrarouges issues d'un calcul statique, nous convoluons les pics par une exponentielle de largeur arbitraire. La figure (6.2) présente le spectre infrarouge ainsi reconstitué du fucose neutre. Les intensités sur la figure ne sont pas exactement représentatives de celles calculées parce que la convolution par une gaussienne permet aux spectres de se recouvrir.

Nous avons également optimisé les géométries avec le code CPMD et calculé les fréquences de vibration dans l'approximation harmonique. Les méthodes sont en très bon accord sur la localisation des bandes et les rapports d'intensité, seuls les stretchs O-H sont sous-estimés de 100 cm^{-1}, c'est a priori une conséquence des pseudopotentiels et de la convergence en ondes planes.

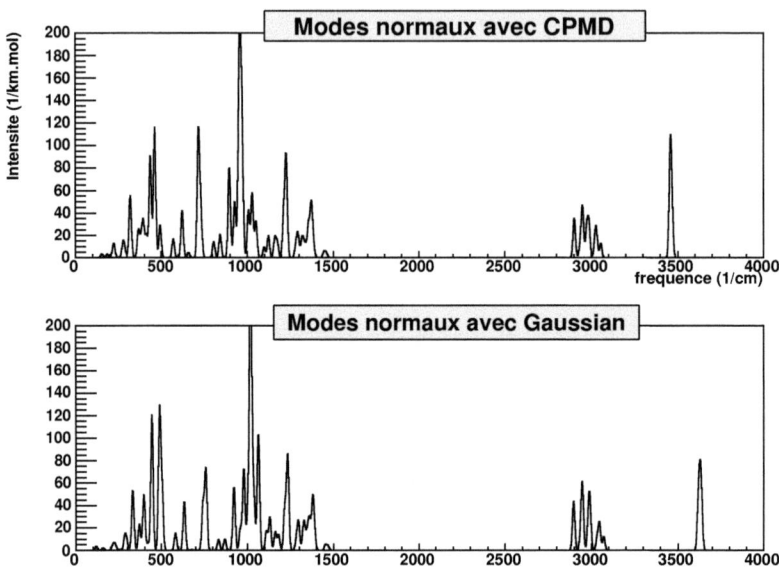

FIGURE 6.2 : Comparaison des modes du fucose neutre par analyse en modes normaux, obtenus par Gaussian et par CPMD avec la même fonctionnelle BLYP.

6.2 Dynamique moléculaire CPMD

Nous avons réalisé des dynamiques moléculaires Car-Parrinello à une température de 300 K des fucoses α sulfatés en C2, C3 et C4 pour obtenir des informations supplémentaires sur les spectres : effets de température et d'anharmonicité. Les dynamiques des isomères C2 et C3 sont de 7 ps. Celle du fucose C4 est seulement de 1.5 ps pour le moment. Le pas d'intégration est de 3 u.a. (0.072 ps) et la masse fictive de 400 m.a.u. Ces valeurs assez faibles permettent de vérifier correctement la conservation de l'énergie totale durant les dynamiques et d'empêcher un transfert entre les ions et les électrons.

Les écarts importants d'énergies déterminés pendant les optimisations de géométrie se traduisent en dynamique par le maintien de la configuration initiale. Les torsions des groupes hydroxyles fluctuent le plus, mais ces groupes restent globalement proche de la configuration d'équilibre, seul le groupe méthyle C6-H_3 a un mouvement de rotation.

6.2.1 Comparaison des profils statiques et dynamiques Car-Parrinello

A partir du moment dipolaire total, calculé tous les 5 pas d'intégration (0.36 ps) par la méthode discutée dans le premier chapitre (1.3.3), nous calculons les spectres infrarouges par la relation (4.4). Sur la figure (6.3), nous les comparons à ceux déterminés par l'analyse en modes normaux des 3 isomères du sucre sulfaté, et convolués par une gaussienne comme précédemment dans le cas du fucose neutre. Sur la figure, on a décalé de +65 cm^{-1} les spectres obtenus par les calculs dynamiques, et ce de manière identique pour les trois spectres.

La gamme de 400 à 1500 cm^{-1} montre un accord satisfaisant entre les deux modes de calculs. Il reste encore un décalage de +100-200 cm^{-1} pour la zone des stretchs C-H et N-H au-delà de 2500 cm^{-1}. Globalement les larges massifs d'absorption avec plusieurs bandes sont présents dans les 2 méthodes. Au-dessous de 800 cm^{-1}, les spectres se superposent. La bande à 580 cm^{-1} de déformation symétrique du groupe sulfate est reconnaissable dans les 3 isomères. Les bandes entre 700 et 750 cm^{-1}, qui correspondent aux mouvements de torsions des groupes hydroxyles et de stretchs impliquant l'oxygène de liaison entre le groupe sulfate et le carbone du cycle sont également présentes. Elles sont regroupées dans une unique bande pour C4, et de largeurs différentes pour C2 et C3.

Au-delà de 800 cm^{-1}, des décalages différents pour chacune des bandes apparaissent. Pour le fucose C2 les fréquences de 3 des 4 bandes obtenues par la dynamique sont décalées vers le rouge, mais pour C3 et C4 la correspondance semble correcte[1]. Les intensités calculées par la dynamique sont sous-évaluées, mais pour C2 les intensités relatives des 4 premières bandes à partir de 850 cm^{-1} sont correctes.

La principale différence, commune à tous les spectres, est la disparition de la bande à 1170 cm^{-1} dans la dynamique, alors que les stretchs antisymétriques du groupe sulfate sont très intenses dans les calculs statiques. Pour C3 et C4 on peut présumer que les faibles bandes à 1100 et 1145 cm^{-1} lui correspondent, avec des intensités qui seraient très diminuées.

---

[1]. Le spectre est moins fin pour C4, car la dynamqiue est plus courte. Les intensités et les largeurs des bandes sont dépendantes du temps de simulation (Annexe B.2).

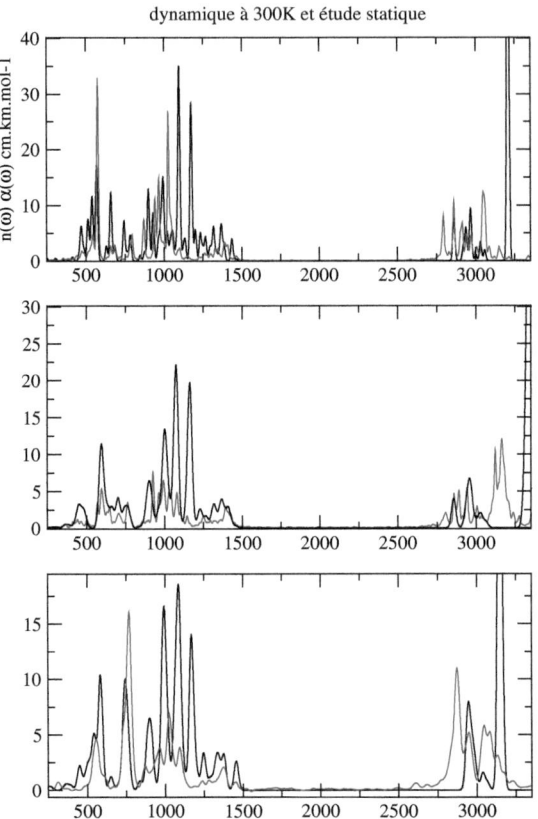

FIGURE 6.3 : Comparaisons entre les spectres infrarouges calculés à partir de la fonction de corrélation des dipôles (4.4 en rouge) et par l'analyse en modes normaux avec l'application d'un filtre gaussien (Tab. 6.2 en noir). L'ensemble des spectres infrarouges Car-Parrinello ont été décalés de +65 cm^{-1} vers le bleu.

6.2.2 VDOS en coordonnées internes

Sur cet exemple nous illustrons une propriété sur la localisation en fréquence des spectres de puissance en coordonnées internes évoquée dans le chapitre 3. La figure (6.4) présente les états de densités vibrationelles (VDOS) calculés par la relation (2.21) en coordonnées internes et cartésiennes pour le sucre sulfaté en C2. Nous avons considéré 3 groupes particuliers du fucose sulfaté en C2, le groupe sulfate et deux hydroxyles : le C4 qui est "libre" et le C3 en liaison hydrogène avec un oxygène du sulfate. Les vitesses en coordonnées internes sont calculées par différence finie.

Pour le groupe sulfate nous avons considéré l'atome de soufre seul, et la somme des vitesses des trois atomes d'oxygène pour le calcul en coordonnées cartésiennes. Pour le soufre (courbe noire), des pics ressortent à 550, 800 et 900 cm^{-1}. En coordonnées internes, nous avons utilisé les 5 coordonnées symétrisées de Pulay qui décrivent le groupe sulfate. Ces spectres de puissance présentent plusieurs pics, mais l'étalement pour chaque type de mouvement est moins étendu, et dans certaines zones permettent de les discriminer. A 500 cm^{-1} par exemple, le terme de déformation symétrique est majoritairement présent (courbe verte), alors qu'à 950 cm^{-1} l'ensemble des modes participent à la bande.

Les groupes hydroxyles ne contiennent que deux stretchs et un bend. Le groupe C4 montre des zones clairement séparées : les stretchs C-O, les bends C-O-H et finalement une large participation des stretchs O-H. Pour le groupe C3 qui est en liaison hydrogène avec le groupe sulfate, on voit d'abord un très large élargissement du stretch O-H dû à l'anharmonicité des mouvements de liaisons hydrogènes.

Les coordonnées internes sont des transformations non linéaires des coordonnées cartésiennes. Elles permettent généralement d'obtenir des spectres moins délocalisés, plus facilement interprétables et semblent donc un meilleur point de départ pour la méthode de localisation des modes de vibration. En cherchant des modes effectifs comme une combinaison linéaire des coordonnées cartésiennes, il n'est pas possible d'obtenir une description équivalente à celle donnée par des coordonnées internes.

La localisation des modes de vibration et l'interprétation des PED montrent de nombreux modes de torsions anharmoniques et de couplages entre les coordonnées, les spectres de puissance des modes normaux effectifs sont tout de même assez bien localisés, ils sont représentés sur la figure (6.5). Les modes anharmoniques aux plus faibles fréquences et le mode de stretch C3-H3 ont des bandes très larges. Globalement, dans la zone de 800 à 1100 cm^{-1}, les modes sont mieux localisés que de 1200 à 1400 cm^{-1}. On peut penser que c'est un effet d'anharmonicité des modes de bending des hydrogènes, et non un manque de statistique dûe à la durée de la simulation.

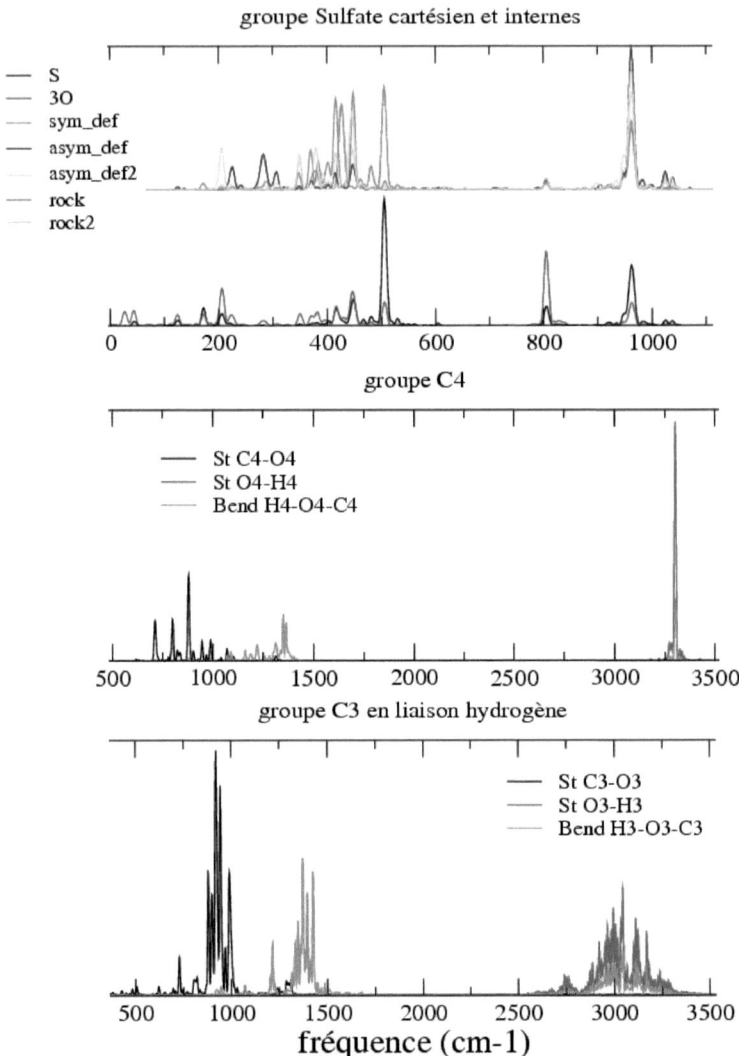

FIGURE 6.4 : Comparaisons des VDOS de trois groupes fonctionnels du fucose sulfaté en C2 à 300 K.Figure du haut, en bas : en coordonnées cartésiennes, signatures spectrales du soufre et des 3 oxygènes de SO_3^-. En haut : les 5 coordonnées internes symétrisées du groupe sulfate. Figures au centre et en bas : les groupes hydroxyles C4-O4-H4 et C3-O3-H3.

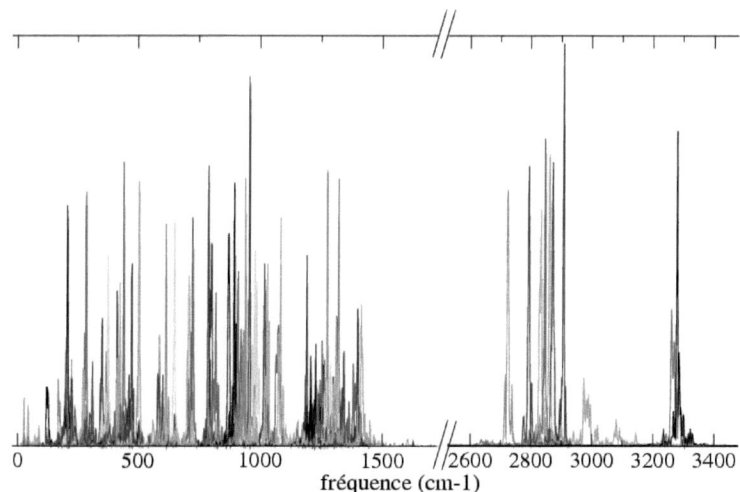

FIGURE 6.5 : Décompositon des modes du sucre sulfaté en C2 à 300 K, en coordonnées internes symétrisées de Pulay.

6.3 Comparaison à l'expérience : fucose sulfaté en C3

Seul l'isomère C3 est séparable des autres expérimentalement. Avec B.Tissot et R.Daniel du laboratoire LAMBE à Evry, nous avons mesuré le spectre infrarouge de cet isomère à température ambiante. L'échantillon était sous forme de pastille de KBr, un élément neutre qui a pour but de minimiser les interactions entre les molécules du composé que l'on souhaite étudier. La gamme spectrale étudiée va de 600 à 4000 cm^{-1}. Nous nous limitons à la zone de 600 à 1400 cm^{-1} qui contient les signatures du groupe sulfate. Les bandes de basses fréquences dans nos calculs sont toujours limitées par le manque de statistique lié aux courtes simulations que j'ai réalisé.

Sur la figure (6.6), nous comparons le spectre expérimental au spectre total reconstruit à partir des modes normaux effectifs et le calcul d'un tenseur APT sur une configuration d'équilibre (4.15). En bas de la figure nous avons représenté le spectre obtenu par l'analyse en modes normaux avec la convolution par des gaussiennes. Les spectres calculés à partir de la dynamique sont de nouveau translatés de $+120$ cm^{-1} pour le premier et de $+55$ cm^{-1} pour le second (on conserve un décalage identique de 65 cm^{-1} entre les deux spectres modélisés).

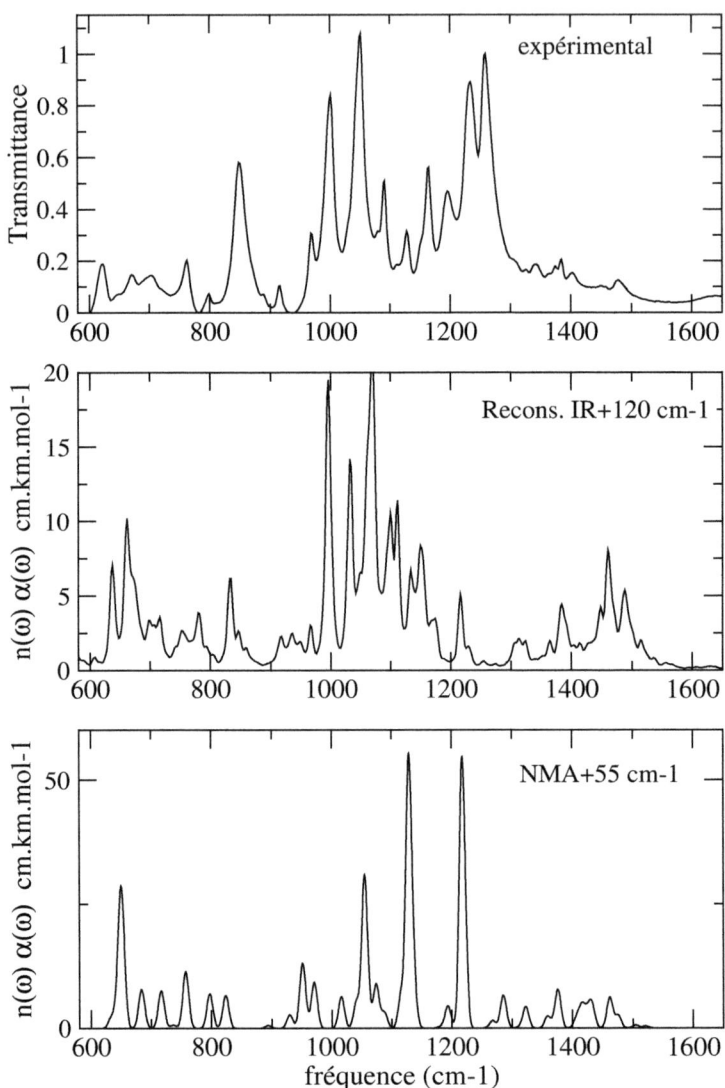

FIGURE 6.6 : Spectre expérimental du fucose sulfaté en C3 (pastille de KBr), spectre reconstruit par la méthode de localisation des modes de vibration et calculé par l'analyse en modes normaux (NMA).

6.3. Comparaison à l'expérience : fucose sulfaté en C3

Le spectre expérimental, de 600 à 1100 cm^{-1} est bien reproduit par notre méthode, alors que le calcul par NMA est très différent, des bandes sont manquantes. La zone de 600 à 800 cm^{-1} présente une absorption continue et les 2 pics à 620 et 760 cm^{-1} sont reconnaissables. La bande isolée à 850 cm^{-1} est bien reproduite dans notre simulation, et pas du tout ou décalé de +100 cm^{-1} par NMA. De 950 à 1100 cm^{-1}, il y a 2 bandes principales et 2 secondaires sur le spectre expérimental, nous obtenons 6 bandes, dont 2 très proches à 1100 cm^{-1}. Les rapports d'intensité correspondent globalement, notre troisième bande est par contre bien séparée ce qui n'est pas le cas dans l'expérience.

Ensuite, nous n'obtenons aucune équivalence pour les 2 larges bandes à 1240 et 1270 cm^{-1}. Les bandes calculées vers 1500 cm^{-1} dans notre reconstruction sont trop intenses par rapport à l'expérience.

Le spectre obtenu par NMA ne fait ressortir que 4 bandes, celle à 650 cm^{-1}, et seulement 3 entre 1000 et 1250 cm^{-1}, qui ne sont pas représentatives des intensités mesurées. Excepté pour la dernière zone de 1200 à 1400 cm^{-1}, le spectre infrarouge calculé par la dynamique moléculaire ressemble bien mieux à l'expérience que celui obtenu par l'étude statique.

6.3.1 Interprétation des bandes

La méthode de reconstruction du spectre infrarouge permet de connaître les modes associés à chacune des bandes d'absorption, et d'aider à l'interprétation du spectre expérimental. Sur la figure (6.7), nous reprenons le spectre expérimental, mais indiquons par une couleur différente les 20 modes effectifs les plus intenses qui donnent la forme générale du spectre dans la zone d'intérêt. Le spectre total de la figure précédente est ici en trait pointillé. Il n'y a pas assez de couleurs disponibles, sur cette figure plusieurs bandes partagent la même couleur.

La présence du double pic à 650 cm^{-1} (en rouge) provient en fait du même mode d'absorption, qui n'est pas parfaitement localisé. C'est très probablement un effet de statistique qui rend plus difficile la localisation des modes de basses fréquences (à cause du décalage global des positions des bandes, ce mode est en fait calculé à 500 cm^{-1} dans la dynamique). Il est identifié comme un mouvement du groupe sulfate (déformation symétrique : 26%, bending C3-O3-S : 7 % par la PED), ainsi que le suivant en noir combiné à des mouvements du groupe hydroxyle C2.

En bleu, on obtient une bande délocalisée de 700 à 800 cm^{-1} correspondante à des mouvements de bends des groupes hydroxyles C1 et C5, ainsi que des torsions des groupes hydroxyles C2 et C4 en liaison hydrogène. La bande mauve à 830 cm^{-1} montre un mouvement de bending au niveau du carbone C3 lié au groupe sulfate. Les mouvement des stretchs symétriques des

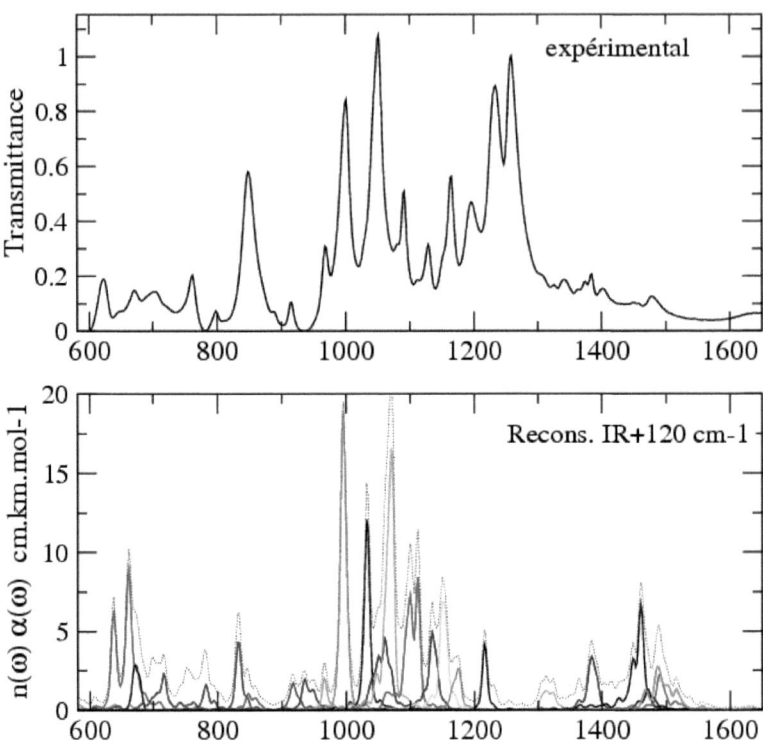

FIGURE 6.7 : Spectre expérimental, déterminé par l'étude statique et par l'étude dynamique.

liaisons S-O apparaissent dans une bande localisée à 930 cm^{-1} (courbe marron), qui a une faible intensité (26 km/mol).

Les pics de grandes intensités sont composés de la torsion propre autour de la liaison C3-O3 (en vert) et du stretch C3-O3 en noir. Ces modes impliquent le groupe sulfate et sont intenses (132 et 85 km/mol).

La courbe bleue ucorrespond aux stretchs C-O du cycle. Les bandes de stretchs antisymétriques S-O débutent à 1050 cm−1 (en orange, rouge et jaune). Ils se couplent à divers stretchs du cycle C-C et C-O qui composent exclusivement la bande bleue (1130 cm^{-1}), marron (1175 cm^{-1}) et noire à 1210 cm^{-1} (stretch C3-C4 et rocking du groupe méthyle C6H$_3$).

Au-delà de 1250 cm^{-1} apparaissent les bends C-H et C-O-H. Les bandes les plus intenses sont liées aux groupes hydroxyles et les 3 derniers répésentés sont des mouvements quasiment isolés (plus de 50 %) des bends du groupes C1 avec le mouvement de déformation symétrique du groupe méthyle C6, puis ceux des groupes C2 et C4 qui sont en liaison hydrogène avec les atomes d'oxygène du groupe sulfate.

Chapitre 7

Conclusions et perspectives

Conclusions et perspectives

Nous avons présenté une méthode systématique, et raisonnable en temps de calcul, qui permet d'extraire des modes de vibration effectifs à partir d'une dynamique moléculaire à température finie. La méthode de localisation des modes repose sur la minimisation d'une fonctionnelle. Celle-ci n'est pas unique et différentes grandeurs sont minimisées suivant le choix du paramètre n, un entier non nul. Dans ce cadre théorique, avec n=2 et l'utilisation des impulsions, nous avons généralisé l'analyse en modes normaux (NMA) valide à température nulle. Avec ce choix, nous obtenons une valeur moyenne du hessien du système sans jamais le calculer directement. Le cas particulier n=-2 nous a permis de retrouver la méthode d'analyse en modes principaux (PMA), tout en incluant de manière rigoureuse une correction qui prend en compte les défauts de l'équipartition de l'énergie inhérents aux dynamiques moléculaires *ab initio*.

L'utilisation de coordonnées internes s'est imposée lorsque les solutés étudiés présentaient des groupes fonctionnels flexibles, l'application rigoureuse des conditions d'Eckart devenait alors difficile, voire impossible. D'une certaine manière, ce jeu de coordonnée permet également de dépasser une limite de la méthode que nous nous étions fixés en cherchant les modes normaux effectifs comme une transformation linéaire des coordonnées cartésiennes. En effet, les relations entre les coordonnées cartésiennes et internes sont non linéaires, les modes localisés obtenus par la résolution du système d'équations aux valeurs propres généralisé ne sont donc pas équivalents. Nous avons vu que les spectres de puissance sont déjà mieux localisés avec l'utilisation des coordonnées internes, nous espérons ainsi une meilleure localisation des spectres des modes normaux. Les coordonnées symétrisées de Pulay possèdent d'autres avantages. Elles ne modifient pas fondamentalement les solutions car ces coordonnées sont définies comme une combinaison linéaire des combinaisons internes. Par contre elles permettent d'une part d'éviter un choix arbitraire, comme le nécessite l'emploi de coordonnées internes naturelles, et d'autre part fournissent directement une interprétation dans le language propre de la spectroscopie.

Les deux derniers chapitres consacrés à des applications sur des systèmes qui font l'objet de projets actuels, montrent l'intérêt de la méthode pour l'interprétation des spectres infrarouges. On obtient un spectre total très proche de celui calculé par les méthodes usuelles que sont la fonction de corrélation des dipôles ou des courants dipolaires. De plus, la description quantitative des modes de vibration et la prise en compte des anharmonicités vibrationnelles permettent une interprétation précise de chacune des bandes. En proposant différentes méthodes de reconstruction, avec divers degrés d'approximation, nous sommes capables d'évaluer l'influence de chacune d'elles sur le spectre total. Avec un unique tenseur APT, calculé sur la géométrie d'équilibre ou simplement sur une configuration quelconque, par exemple la première de la dynamique comme cela a été testé pour l'eau liquide ou NMA en phase liquide, le spectre reconstitué est assez proche de celui obtenu en considérant un ensemble de tenseurs APT le long de la trajectoire. La dynamique du tenseur APT ne semble pas jouer un rôle majeur sur la forme des spectres, même pour des groupes flexibles ou mobiles comme les groupes méthyles. Toutefois, quand l'environnement change à cause de la flexibilité importante du squelette d'un polypeptide ou des formations et brisures de liaisons hydrogènes, on peut penser que les élargissements des bandes proviennent de ces inhomogénéités. Dans ces conditions une statistique sur les tenseurs APT serait nécessaire.

Dans le cadre de la spectroscopie infrarouge, nous devons utiliser des dynamiques moléculaires *ab initio* pour évaluer correctement les anharmonicités vibrationnelles et électriques. Cela nous impose l'étude de systèmes de petites tailles et des temps de simulation d'une dizaine de picoseconde. C'est la principale limite de la méthode. En imposant une contrainte de normalisation sur les modes normaux, nous prenons effectivement en considération les manques d'équipartition de l'énergie cinétique pour l'estimation des fréquences, mais la valeur des intensités n'est pas modifiée par rapport à celles déterminées par les fonctions de corrélation des dipôles ou des courants dipolaires. Cela vient du fait que l'inverse des modes normaux intervienne dans l'expression des coordonnées normales et directement dans celui des moments dipolaires de transition. En coordonnées cartésiennes nous les calculons comme :

$$\dot{q} = \frac{\partial q}{\partial x}\dot{x} \qquad \frac{\partial \mathbf{M}}{\partial q} = \frac{\partial \mathbf{M}}{\partial x}\frac{\partial x}{\partial q}$$

et de même en coordonnées internes, de sorte que l'intensité finale n'est pas modifiée par la normalisation qui ne peut là corriger les défauts d'équipartition de la dynamique simulée. Ce problème pourrait certainement être contourné, par une renormalisation intermédiaire entre les calculs des modes normaux et celui des intensités infrarouges. Nous n'avons pas testé cette possibilité, car cela équivaudrait d'une certaine manière à vouloir extraire plus d'informations que les dynamiques *ab initio* peuvent actuellement en fournir.

Nous sommes convaincus de la capacité des dynamiques de type Car-Parrinello à reproduire correctement à la fois les interactions atomiques, ainsi que les propriétés électroniques des systèmes moléculaires, et ce sur des dynamiques d'une durée de quelques dizaines de picosecondes. Toutefois, nous sommes également conscients de la limite actuelle de ces méthodes.

Dans un futur proche, ces limitations dans la durée des simulations, déjà repoussées par les méthodes mixtes classique-quantique (QM/MM), seront moins contraignantes, et d'autres la remplacerons certainement comme le QMC (Monte-Carlo Quantique). La méthode présentée, et ses améliorations à venir, ont l'avantage d'être indépendants du type de modélisation à laquelle on souhaite l'appliquer. Une limitation actuelle est la descritpion d'un jeu de coordonnées internes complet, non-redondant et de grande taille. Une automatisation doit être envisagée.

Sur l'exemple de l'octa-alanine, composée de 84 atomes, nous obtenons une localisation correcte des spectres vibrationnels, et une description précise des mouvements couplés entre les atomes. Nous envisageons l'application à des systèmes moléculaires de tailles plus importantes. Dans le cas des macromolécules biologiques, un grand intérêt est porté aux modes "mous", de faibles fréquences et d'amplitudes importantes. Ces modes fortement anharmoniques sont associés à d'importants changements de conformation, mais ils peuvent être décrits par un nombre restreint de coordonnées internes, typiquement les angles dièdres du squelette d'une protéine. Dans l'esprit de la dynamique essentielle, les mouvements de hautes fréquences des hydrogènes pourraient être ignorés, dans la phase d'analyse de la dynamique. Ce seraient également des cas intéressants pour comparer la méthode de localisation avec le choix $n=-2$, car comme nous le faisions remarquer dans le texte le facteur ω^n pondère le spectre de puissance, et ferait mieux ressortir les plus faibles fréquences avec ce nouveau choix.

La méthode de localisation semble aussi applicable à d'autres types de systèmes. Nous avons réalisé des tests préliminaires sur une dynamique de la glace, composée de 32 molécules d'eau. Cette fois nous n'avons pas fait de moyennne sur les molécules d'eau pour le calcul des fonctions de corrélation. Nous obtenons une centaine de modes normaux, la plupart décrivent des mouvements de libration inter-moléculaires. Il est ainsi possible de déterminer les phonons à température finie dans les solides. L'étude de systèmes amorphes, comme les verres par exemple, fait aussi partie de nos projets à court terme.

Comme extension de la méthode nous envisageons de travailler sur la reparamétrisation des constantes de force harmoniques des champs de force classique. Nous savons en effet calculer la moyenne d'un hessien à température donnée. On a ainsi accès aux constantes de force harmoniques moyennes extraites d'une dynamique. A partir d'une dynamique moléculaire *ab initio*, nous prenons correctement en compte les effets d'anharmonicité et d'hydratation dans ce champ de force, qui sont alors contenus de façon effective dans les valeurs des constantes de forces. Nous allons prochainement tester la substitution de nos constantes de force aux champs de force analytiques actuels.

L'étape suivante dans le calcul des spectres infrarouges est la modélisation de la spectroscopie non-linéaire résolue en temps IR-2D. Dans ces expériences, on voit au court du temps les signatures bidimensionnelles des couplages entre les modes Amide I des chaînes peptidiques. On en déduit la dynamique conformationnelle du peptide, comme des modifications d'organisation de la chaîne, des modifications de liaisons hydrogènes intra et inter-moléculaires, des modifications d'organisation du solvant environnant. Les développements théoriques pour modéliser ces expériences se nourrissent des grandeurs que nous sommes maintenant à même d'extraire par la méthode de localisation des modes présentée ici. Par ailleurs, les anharmonicités vibrationnelles sont primordiales pour rendre compte de ces expériences. Si nous étendons nos développements à des ordres supérieurs, les anharmonicités seront effectivement calculables et pourront être introduites dans les modèles.

Annexe A

Unités, conversions et mesures expérimentales

Unités, conversions et mesures expérimentales

A.1 Unités Atomiques

L'ensemble des calculs sont effectués dans les unités atomiques. Elles sont appropriées aux systèmes moléculaires, et présentent une meilleure stabilité algorithmique en minimisant les erreurs d'arrondis et de troncages inhérents à l'implémentation informatique. Les sorties écrans et les résultats intermédiaires sont généralement convertis dans des unités plus familières en physique. Cet annexe a pour but de résumer les conversions qui ont été nécessaires dans la mise en application.

Rappel des unités atomiques (u.a) fondamentales :
— de distance L : le bohr 1 a_0 = 0.529177 Å
— de temps T : 1 t.u.a. = 0.0241888428 fs
— de masse du proton m_p : = 1822.89 m.a.u
— d'énergie E : 1 Ha = 1/2 Ry = 27.21161 eV = 627.5095 kcal/mol = 2625.5 kJ/mol

Les fonctions de corrélation des vitesses, par le théorème de l'équipartition de l'énergie cinétique, font intervenir la constante de Boltzmann :
— K_b = J/K = 3.1666552e-6 Ha/K

Les forces ont pour dimension une $E.L^{-1}$:
— 1 Ha / a_0 = 1186.218 kcal/(mol.Å) = 4963.1380 kJ/(mol.Å)

Les constantes de forces, les éléments de la matrice du hessien, dont les unités sont une masse divisée par un temps au carré ou une énergie divisée par une longueur au carré, sont exprimées en mdyn/Å ou en kJ/(mol.Å^2), voir en kcal/(mol.Å^2).
Par définition : 1 dyn = 1 g.cm/s^2 = 10^{-5} N (Newton), d'où l'on déduit :
— 1 mdynÅ = 10^2 J/m^2 = 6.02 10^2 kJ/(mol.Å^2) = 143.8 kcal/(mol.Å^2)
— 1 Ha / a_0^2 = 2242.3787 kcal/(mol.Å^2) = 9382.1134 kJ/(mol.Å^2)

Pour l'évaluation des forces en coordonées internes on utilise une énergie divisée par un angle au carré ou une énergie par une longueur fois un angle pour les termes croisés entre type de coordonnées :
— 1 Ha / rad^2 = 627.5095 kcal/(mol.rad^2) = 2625.5 kJ/(mol.rad^2)
— 1 Ha / (a$_0$.rad) = 1186.2183 kcal/(mol.Å.rad) = 4963.13799 kJ/(mol.Å.rad)

La relation suivante entre les masses est utile si l'on veut retrouver les conversions précédentes :
— m(a.u) * 1822.89 = m(g/mol)

Le dipôle est le produit d'une charge et d'une longueur. En unité atomique, la charge est celle de l'électron : 1 e$^-$ = 1.6.10^{-19} C
Le Debye en unité S.I est donné par : 1 D = 3.335.10^{-30} C.m = 0.393 e$^-$.a$_0$
Les intensités infrarouges absolues $(\partial \mathbf{M}/\partial q)$ s'expriment en (D/Å)^2.(amu)$^{-1}$= 0.208 e^{-2}.(amu)$^{-1}$.

En spectroscopie infrarouge des unités différentes sont utilisées suivant les systèmes étudiés et les domaines de recherche. Les fréquences sont habituellement notées ω, c'est ce que nous avons fait tout au long du manuscrit. Elles sont en fait des nombres d'ondes $\bar{\nu} = 1/\lambda$, exprimées en cm^{-1}, avec λ la longueur d'onde. Elles ne doivent pas être confondues avec la pulsation $\omega(rad/s) = 2\pi c \lambda = 2\pi c \bar{\nu}$.

Dans les domaines de la matière condensée les intensités d'absorption infrarouges sont exprimées en cm^{-1}. C'est l'unité du coefficient d'absorption linéique $\alpha(\omega)$ qui est mesurée expérimentalement (A.3). C'est également celui qui est calculé à paritr des simulations : $n(\omega)\alpha(\omega)$, puisque l'indice de réfraction est sans unité. En chimie théorique, les systèmes moléculaires sont généralement statiques, isolés en phase gaseuse et les calculs sont limtés à l'approximation harmonique (4.2) dans laquelle les bandes d'absorption sont considérées comme ponctuelles en fréquence. Les intensités usitées sont alors le (D/Å)^2.amu^{-1}, c'est l'unité qui correspond au tenseur de polarisabilité exprimé en coordonnées normales $|\partial M/\partial Q|^2$, ou en km.mol^{-1} si on l'exprime en fonction de la concentration. La quantité mesurée dans les deux cas est l'énergie absorbée. La règle de somme (4.7) assure que l'intégrale d'une bande d'absorption et la valeur déterminée dans l'approximation harmoniqe soient égales.

Pour effectuer le passage entre ces untités on doit considérer que l'intensité calculée en cm^{-1} corresponde à une unique molécule dans un volume V_0, défini par la taille de la boîte de simulation. Sa concentration molaire C_0 en mol.litre^{-1} est : 1/ $(N_a V_0)$ avec N_a est le nombre d'Avogadro. On définit alors l'intensité molaire I_m comme :

$$n(\omega)\,\alpha(\omega) = I_m\,C_0 = \frac{I_m}{N_a V_0}$$

La concentration doit être exprimée en unité atomique (mol.a$_0^{-3}$) dans le calcul.

A.1. Unités Atomiques

Pour comparer les calculs statiques et dynamiques nous remplaçons les pics d'intensités I_k par une exponentielle de la forme :

$$f(x) = \frac{I_k}{\sigma} e^{-\frac{x^2}{\sigma^2}} \tag{A.1}$$

Cela permet de donner une largeur σ aux bandes d'absorption. La valeur de ce paramètre est arbitraire, il est choisi de manière à reproduire au mieux les largeurs obtenues par la corrélation des dipôles[1]. La normalisation par $1/\sigma$ dans (A.1) assure que l'intégrale du spectre sur les fréquences, l'énergie absorbée par le mode de vibration, est conservée. σ est une fréquence exprimée en nombre d'onde, le spectre ainsi obtenu a pour unité des cm.km.mol^{-1}. Dans l'étude qui porte sur le fucose sulfaté, nous avons choisi de privilégier cette unité car le système est en phase gaseuse.

---

[1]. Pour des dynamqiues de faible durée, on est également obligé d'appliquer un filtre sur les fonctions de corrélation pour calculer les transformées de Fourier, donc ce spectre est lui aussi sujet à un certain arbitraire, mais sa précision est limitée par le temps de simulation.

A.2 Grandeurs macroscopiques d'absorption

La constante diélectrique ϵ d'un milieu détermine ses propriétés optiques. Elle intervient dans l'équation d'onde déduite des équations de Maxwell. Si on propage une onde électromagnétique parrallèlement à l'axe z, le champ électrique E_x suivant l'axe x, perpendiculaire au vecteur de propagation $\mathbf{k}$, vérifie l'équation :

$$\nabla^2 E_x + \frac{\epsilon \omega^2}{c^2} E_x = 0 \tag{A.2}$$

La solution est de la forme $E_x = E_0 \, e^{i\omega t - k_z z}$. On en déduit la relation de dispersion :

$$k_z^2 = \epsilon \frac{\omega^2}{c^2}$$

On introduit $\tilde{n}$ l'indice de réfraction complexe, tel que $\tilde{n}^2 = \epsilon$. Ses composantes réelles et imaginaires ($\tilde{n} = n + i\kappa$) correspondent respectivement à l'indice de réfraction usuel et au coefficient d'extinction. On peut également relier ces grandeurs aux composantes de la constante diélectrique :

$$\epsilon' = n^2 - \kappa^2 \qquad \epsilon'' = 2n\kappa$$

En utilisant la relation de dispersion, l'expression générale du champs électrique solution de l'équation de propagation (A.2) se développe en un produit de deux exponentielles :

$$E_x(z,t) = E_0 \, e^{-i\omega(t - \frac{nz}{c})} \, e^{-\frac{\omega \kappa z}{c}}$$

L'exponentielle imaginaire décrit la propagation du champ, l'exponentielle celle dépend de la partie imaginaire de n, et correspond à l'atténuation du champ électromagnétique dans le milieu. C'est l'intensité du champ, l'énergie électromagnétique absorbée que l'on mesure expérimentalement :

$$EE^* = E_0^2 e^{-\frac{2\omega \kappa z}{c}} = E_0^2 e^{-\frac{\omega \epsilon'' z}{nc}} = E_0 e^{-Kz} \tag{A.3}$$

Cette relation justifie la loi de Beer-Lambert utilisée expérimentalement. En pratique, on connait précisément l'intensité du champ envoyé I_0 (à une longueur d'onde particulière) et on mesure l'intensité I après la traversée d'un échantillon de longueur l. Le rapport de ces intensités vérifie une loi exponentielle :

$$log \frac{I}{I_0} = -K' C_0 l \tag{A.4}$$

où C_0 est la concentration molaire de l'espèce absorbante, et K' le coefficient d'absorption molaire linéique.

Cette expression est identique à l'équation (A.3), et au facteur de concentration près similaire à celle calculée par le théorème de fluctuation-dissipation (1.24). A partir d'une simulation nous n'avons pas directement accès à cette grandeur, mais au produit $n(\omega) \, \alpha(\omega)$.

Annexe B

B.1 Equivalence au problème de minimisation

Nous montrons ici que la solution $\mathbf{Y}^0$ au système d'équations aux valeurs propres généralisées :

$$K^{(n)}_{p\ ij}\, Y^0_{jk} = \lambda^{(n)}_k\, K^{(0)}_{p\ ij}\, Y^0_{jk}$$
$$\mathbf{K}^{(n)}_p\, \mathbf{Y}^0 = \mathbf{K}^{(0)}_p\, \mathbf{Y}^0\, \Lambda$$

avec la contrainte (3.5) maximise également $\Omega^{(n)}$. Λ est une matrice diagonale avec $\lambda^{(n)}_k$, $k = 1,\ldots,3n$ sur la diagonale.

Pour cela, nous étudions l'effet d'une faible perturbation de $\mathbf{Y}^0$ en considérant la matrice de transformation :

$$\mathbf{Y} = \mathbf{Y}^0\, e^{\epsilon \mathbf{A}} = \mathbf{Y}^0 + \epsilon \mathbf{Y}^0\, \mathbf{A} + \frac{\epsilon^2}{2}\, \mathbf{Y}^0 \mathbf{A}^2 + \ldots$$

où $\mathbf{A}$ est une matrice antisymmetrique telle que $\mathbf{Y}$ satisfasse toujours la containte (3.5) ($e^{\epsilon \mathbf{A}}$ est une matrice unitaire). En développant $\Omega'^{(n)}$ au premier ordre en ϵ :

$$\begin{aligned}\frac{\partial \Omega'^{(n)}}{\partial \epsilon} &= 2 \sum_k \left(\mathbf{Y}^{0\mathsf{T}}\, \mathbf{K}^{(n)}_p\, \mathbf{Y}^0\right)_{kk} \left(2\, \mathbf{A}\, \mathbf{Y}^{0\mathsf{T}}\, \mathbf{K}^{(n)}_p\, \mathbf{Y}^0\right)_{kk} \\ &= 4 \sum_k \lambda^{(n)}_k \left(\mathbf{A}\, \mathbf{Y}^{0\mathsf{T}}\, \mathbf{K}^{(n)}_p\, \mathbf{Y}^0\right)_{kk}\end{aligned}$$

Cependant, $\mathbf{Y}^{0\mathsf{T}}\, \mathbf{K}^{(n)}_p\, \mathbf{Y}^0 = \mathbf{Y}^{0\mathsf{T}}\, \mathbf{K}^{(0)}_p\, \mathbf{Y}^0 \Lambda = \Lambda$ donc : $\left(2\, \mathbf{A}\, \mathbf{Y}^{0\mathsf{T}}\, \mathbf{K}^{(n)}_p\, \mathbf{Y}^0\right)_{kk} = 2\, A_{kk}\, \lambda^{(n)}_k = 0$ car $\mathbf{A}$ est antisymmétrique. Ainsi $\mathbf{Y}^0$ est un extremum $\Omega'^{(n)}$.

Au second ordre en ϵ, nous avons :

$$\begin{aligned}
\frac{1}{2}\frac{\partial^2 \Omega'^{(n)}}{\partial \epsilon^2} &= 2\sum_k \lambda_k^{(n)} \left\{ -\left(\mathbf{A}\,\mathbf{Y}^{0\mathsf{T}}\,\mathbf{K}_p^{(n)}\,\mathbf{Y}^0\,\mathbf{A}\right)_{kk} \right. \\
&\quad \left. + \left(\mathbf{A}\,\mathbf{A}\,\mathbf{Y}^{0\mathsf{T}}\,\mathbf{K}_p^{(n)}\,\mathbf{Y}^0\right)_{kk} \right\} \\
&= -2\sum_{kl} \lambda_k^{(n)} A_{kl} \lambda_l^{(n)} A_{lk} + 2\sum_{kl} \lambda_k^{(n)\,2} A_{kl} A_{lk} \\
&= -2\sum_{kl} A_{kl} A_{lk} \lambda_k^{(n)} \lambda_l^{(n)} + A_{kl} A_{lk} \left(\frac{\lambda_k^{(n)\,2}}{2} + \frac{\lambda_l^{(n)\,2}}{2} \right) \\
&= \sum_{kl} A_{kl} A_{lk} \left(\lambda_k^{(n)} - \lambda_l^{(n)} \right)^2 \\
&= -\sum_{kl} A_{kl}^2 \left(\lambda_k^{(n)} - \lambda_l^{(n)} \right)^2 \leq 0
\end{aligned}$$

et $\mathbf{Y}^0$ maximise bien $\Omega'^{(n)}$.

B.2 Spectres de puissance, alternative aux calculs des corrélations

Le théorème de Wiener-Khinchine (Norbert Wiener et Aleksandr Yakovlevich Khinchin) est très utilisé dans les travaux numériques. Il permet de relier le calcul des spectres de puissance, l'analyse en fréquence de processus stationnaires, aux transformées de Fourier des fonctions de corrélation.

Si on considère un processus stationnaire $z(t)$ observé sur un temps $0 \leq t \leq T$, cette fonction de période T peut être développée en série de Fourier :

$$z(t) = \sum_{n=-\infty}^{+\infty} a_n \, e^{i\omega_n t}$$

avec $\omega_n = \frac{2\pi n}{T}$ les pulsations. Les coefficients de Fourier sont définis par :

$$a_n = \frac{1}{T} \int_0^T z(t) \, e^{-i\omega_n t} \, dt \tag{B.1}$$

Le spectre de puissance $I(\omega)$ d'un processus stationnaire est défini par la norme de ses coefficients de Fourier qui sont des observables physiques. A l'aide d'un filtre qui selectionnerait seulement un intervalle de fréquence, on définit l'intensité moyenne sur un intervalle $\Delta\omega$ comme :

$$I(\omega)\Delta\omega = \sum_{\omega_n \in \Delta\omega} <|a_n|^2>$$

avec $<|a_n|^2>$ la somme des moyennes au carré des parties réelles et imaginaires des ces coefficients :

$$<|a_n|^2> = <|a_n'|^2> + <|a_n''|^2>$$

Le nombre de modes contenus dans l'intervalle est $T\Delta\omega/2\pi$. En supposant ces coefficients continus en ω, on obtient la relation :

$$I(\omega) = \lim_{T \to +\infty} \frac{T}{2\pi} <|a_n|^2> \tag{B.2}$$

Mais en pratique on est limité par le temps de la simulation, cela impose une limite à la précision en fréquence que l'on peut obtenir. Pour une trajectoire de durée T, la précision maixmale de la pulsation est de :

$$\omega_{min} = \frac{2\pi}{T}$$

En nombre d'onde $\bar{\nu} = 1/\lambda = \omega/(2\pi c)$, cela donne :

$$\bar{\nu}_{min} = \frac{1}{cT} \tag{B.3}$$

Par exemple, pour une simulation Car-Paribnello de l'ordre de 10 ps, cela correspond à un intervalle de 3 cm^{-1}. D'autre part, si le pas de temps dt dans l'intégrale $(B.1)$ est trop important, le signal apparaît périodique en fréquence. Dans la gamme de l'infrarouge, limitée dans nos études à $\bar{\nu} = 6000$ cm^{-1}, nous sommes générallement en-dessous de $dt_{max} = 1/(\bar{\nu}_{max}c) = 230$ t.u.a = 5.7 fs.

Le théorème de Wiener-Khintchine permet le calcul du spectre de puissance à partir des fonctions de corrélations $\phi(t) =< z(t_0)z(t_0 + t) >$ des grandeurs microscopiques du système :

$$I(\omega) = \frac{1}{2\pi} \int_{-\infty}^{+\infty} \phi(t) \, e^{-i\omega t} \, dt \qquad (B.4)$$

Ce résultat est exact dans le cas d'une durée de simulation infinie. Dans la limite d'une durée T finie, il devient :

$$I(\omega) = \frac{1}{\pi} \int_0^T \frac{T-t}{T} \, \phi(t) \, e^{i\omega_n t} \, dt = \frac{1}{2\pi} \, TF\left[\frac{T-t}{T} \, \phi(t)\right]$$

Le facteur correspond exactement à l'application d'un filtre triangulaire sur la fonction de corrélation.

Le calcul présenté de transformée de Fourrier est raisonnable en temps, des algorithmes rapides sont disponibles (Transformée de Fourier Rapide). Mais c'est le calcul des fonctions de corrélation qui est limitant. Leurs nombres, ainsi que les intégrales nécessaires pour évaluer les matrices **K** deviennent importants avec le nombre d'atomes n en $O(n^2/2)$. Il devient impossible de stocker en mémoire l'ensemble des fonctions de corrélation et les différentes intégrales. Les corrélations demandent un temps de calcul qui varie comme le carré du nombre de configuration $O(N^2)$. Par exemle, sur un processeur approximativement une vingtaine d'heures étaient nécessaires pour traiter entièrement la dynamique de NMA dans l'eau (12 atomes et 72000 configurations).

Le calcul direct des spectres de puissance par la relation (B.2) est bien plus rapide, et demande moins de mémoire. On calcule d'abord les transformées de Fourier des vitesses en coordonnées cartésiennes ou internes :

$$\tilde{q}_i(\omega) = \frac{1}{T} \int_0^{+\infty} q_i(t) \, e^{i\omega t} \, dt$$

Leur nombre est égal à n et le calcul est effectué à la volée, configurations après configurations, sans avoir besoin d'être stockées en mémoire. Pour les modes de vibrations ω est compris entre 0 et 4000 cm^{-1}, les tailles des tableaux $\tilde{q}_i$ à mémoriser sont faibles (2000 avec un pas de 2 cm^{-1}) et surtout indépendantes de la longueur de la dynamique.

B.2. Spectres de puissance, alternative aux calculs des corrélations

Le processus $\tilde{q}_i$ est une fonction complexe, ses parties réelles et imaginaires doivent être calculées. Les spectres de puissance associés sont par définition les sommes des carrés des parties réelles et imaginaires (B.2), on peut les généraliser aux termes croisés i, j :

$$P_{ij}(w) = \frac{\tilde{q}_i^\star(\omega)\tilde{q}_j(\omega)}{2} + \text{complexe conjugué}$$

Les spectres de puissance calculés par cette méthode sont exactement identiques à ceux obtenus par les fonction de corrélation sur lesquels on aurait appliqué un filtre triangulaire (théorème de Wiener-Khintchine, annexe (B.2)) Les calculs des matrices $K^{(2)}, K^{(1)}$ et $K^{(0)}$ se font ensuite de manière identique en les intégrant sur ω^n. Par contre, pour filtrer le signal il est nécessaire d'effectuer explicitement la convolution. En comparaison, l'analyse de NMA demande maintenant moins d'une heure.

Bibliographie

[1] F. Tama and Y.-H. Sanejouand. Conformational change of proteins arising from normal mode calculations. *Protein Engineering*, 14(1) :1–6, 2001.

[2] I. Bahar and A. Rader. Coarse-grained normal mode analysis in structural biology. *Current Opinion in Structural Biology*, 15 :1–7, 2005.

[3] S. Gnanakaran and R. Hochstrasser. *J. Am. Chem. Soc.*, 123 :12886, 2001.

[4] J. Lemaire, P. Boissel, M. Heninger, G. Mauclaire, G. Bellec, H. Mestdagh, A. Simon, S. L. Caer, J. Ortega, F. Glotin, and P. Maitre. *Phys. Rev. Lett.*, 89 :273002–1, 2002. *and references therein*.

[5] M. Martinez. Dynamique moléculaire de fragments de biomolécules : structure de solvatation et spectres vibrationnels. Stage de DEA (M.P. Gaigeot, D. Borgis), 2003.

[6] M. S. P. Bernasconi and P. M. Ab initio infrared spectrum of liquid water. *Chem. Phys. Lett.*, 277 :478–482, 1997.

[7] S. et al. Maximally-localized wannier functions for disordered systems : application to amorphous silicon. *Solid State Com.*, 107(1) :7–11, 1998.

[8] M.-P. Gaigeot and M. Sprik. Ab initio molecular dynamics computation of the infrared spectrum of aqueous uracil. *J.Phys.Chem.B*, 107 :10344–10358, 2003.

[9] S. M. Gaigeot M.P., Vuilleumier R. and B. D. Infrared spectroscopy of n-methylacetamide revisited by ab initio molecular dynamics simulations. *J.Chem.Theory Comput.*, 1(5) :772–789, 2005.

[10] S. Krimm and J. Bandekar. Vibrationnal spectroscopy and conformation of peptides, polypeptides, and proteins. *Adv. Prot. Chem.*, 38 :181, 1986.

[11] M. Pezolet, M. Pigeon-Gosselin, and L. Coulombe. *Biochim. Biophys. Acta.*, 453 :502, 1976.

[12] E. Taillandier, J. Liquier, and M. Ghomi. *J. Mol. Struct.*, 214 :185, 1989.

[13] E. Taillandier, W. Peticolas, T. H.-D. S. Adam, and J. Igolen. *Spectrochimica. Acta. A.*, 46 :107, 1990.

[14] H. Fritzche and W. Pohle. *J. Mol. Struct.*, 219 :341, 1990.

[15] H. Fritzche. *J. Mol. Struct.*, 242 :245, 1991.

[16] J. Powell, W. Peticolas, and L. Genzel. *J. Mol. Struct.*, 247 :107, 1991.

[17] M. Semenov, T. Bolbukh, and V. Mallev. *J. Mol. Struct.*, 408-409 :213, 1997.

[18] P. N. *Physique statistique hors d'équilibre : équation de Boltzmann, réponse linéaire.* www.lpthe.jussieu.fr/DEA/pottier.html.

[19] R. Kubo, M. Toda, and N. Hashitsume. *Statistical Physics II-Nonequilibrium Statictical Mechanics.* Springer, Heidelberg, 2 edition, 1985.

[20] D. McQuarrie. *Statistical Mechanics.* University Science Books, Sausalito CA, 2000.

[21] R. R. et al. Quantum corrections to classical time-correlation functions : Hydrogen bonding and anharmonic floppy modes. *J.Chem.Phys*, 121(9) :3973–3983, 2004.

[22] R. Iftimie and M. Tuckerman. Decomposing total ir spectra of aqueous systems into solute and solvent contributions : A computational approach using maximally localized wannier orbitals. *J. Chem. Phys.*, 122 :214508, 2005.

[23] A. D. MacKerell, Jr., D. Bashford, M. Bellott, R. L. Dunbrack, Jr., J. D. Evanseck, M. J. Field, S. Fischer, J. Gao, H. Guo, S. Ha, D. Joseph-McCarthy, L. Kuchnir, K. Kuczera, F. T. K. Lau, C. Mattos, S. Michnick, T. Ngo, D. T. Nguyen, B. Prodhom, W. E. Rei her, III, B. Roux, M. Schlenkrich, J. C. Smith, R. Stote, J. Straub, M. Watanabe, J. Wiorkiewicz-Kuczera, D. Yin, and M. Karplus. Charmm22. *J. Phys. Chem. B*, 102 :3586–3616, 1998.

[24] W. D. Cornell, P. Cieplak, C. I. Bayly, I. R. Gould, K. M. Merz, D. M. Ferguson, D. C. Spellmeyer, T. Fox, J. W. Caldwell, and P. A. Kollman. Amber94. *J. Am. Chem. Soc.*, 117 :5179–5197, 1995.

[25] P. Procacci, T. A. Darden, E. Paci, and M. Marchi. Orac. *J. Comput. Chem.*, 18 :1848–1862, 1997.

[26] D. Frenkel and B. Smit. *Understanding Molecular Simulation.* Academic Press, London, 2001.

[27] R. Dreizler and E. Gross. *Density Functional Theory*. Springer-Verlag, Berlin Heidelberg, 1990.

[28] R. Parr and Y. Weitao. *Density-Functional Theory of Atoms and Molecules*. Oxford University Press, 1994.

[29] P. Hohenberg and W. Kohn. Inhomogeneous electron gas. *Phys.Rev.*, 136(3b) :864–871, 1964.

[30] W. Kohn and L. Sham. Self-consistent equations including exchange and correlation effects. *Phys.Rev.*, 140(4A) :A1133–1138, November 1965.

[31] M. Payne, M. Teter, D. Allan, T. Arias, and J. Joannopoulos. Iterative minimization techniques for ab initio total-energy calculations :molecular dynamics and conjugate gradients. *Rev Modern Phys.*, 64(4) :1045–1097, October 1992.

[32] E. Runge, E. Gross. Density-functional theory for time dependent systems. *Phys.Rev.Lett.*, 52(12) :997–1000, 1984.

[33] R. Car and M. Parrinello. Unified approach for molecular dynamics and density-functional theory. *Phys.Rev.Lett.*, 55(22) :2471–2474, November 1985.

[34] L. Verlet. *Phys. Rev. Lett.*, 159(98), 1967.

[35] R. Resta. *Ferroelectrics*, 136 :51, 1992.

[36] R. Resta. Macroscopic electric polarization as a geometric quantum phase. *Europhysics Letters*, 22(2) :133–138, 1993.

[37] R. King-Smith and D. Vanderbilt. Theory of polarization of crystalline solids. *Physical Review B*, 47(3) :1651–1654, 1993.

[38] R. Resta. Macroscopic polarization in crystalline dielectrics : the geometric phase approach. *Physical Review B*, 66(3) :899–915, 1994.

[39] G. Ortiz and R. M. Martin. Macroscopic polarization as a geometric quantum phase :many-body formulation. *Physical Review B*, 49(20) :14202–14210, 1994.

[40] R. Resta. Qauntum-mechanical position operator in extended systems. *Phys.Rev.Lett.*, 80(9) :1800–1803, 1998.

[41] G. Wannier. The structure of electronic excitation levels in insulating crystals. *Phys.Rev.*, 52 :191–197, 1937.

[42] D. Marzari, N. Vanderbilt. Maximally localized generalized wannier functions for composite energy bands. *Phys.Rev.B*, 56(20) :12847–12865, 1997.

[43] M. Silvestrelli, P.L. Bernasconi and M. Parrinello. Ab initio infrared absorption study of the hydrogen-bond symmetrization in ice. *Phys. Rev. Lett.*, 81(6) :1235–1238, 1998.

[44] P. Silvestrelli and M. Parrinello. Structural, electronic, and bonding prperties of liquid water from first principles. *J. Chem. Phys*, 111(8) :3572–3580, 1999.

[45] B. Guillot. A molecular dynamics study of the far infrared spectrum of liquid water. *J.Chem.Phys*, 95(3) :1543–1551, 1991.

[46] R. Madden, P.A. Impey. On the infrared and raman spectra of water in the region 5-250 cm^{-1}. *Chem.Phys.Lett.*, 123(6) :502–506, 1986.

[47] M.-P. Gaigeot and M. Sprik. Ab initio molecular dynamics study of uracil in aqueous solution. *J.Phys.Chem.B*, 2004.

[48] M. D. et al. Ab initio molecular dynamics of protonated dialanine and comparison to infrared multiphoton dissociation experimetns. *J.Phys.Chem A*, 2006.

[49] A. Becke. Density-functional exchange-energy approximation with correct asymptotic behaviour. *Phys. Rev. A.*, 36(6) :3098–3100, 1998.

[50] E. B. Wilson, J. Decius, and P. C. Cross. *Molecular Vibrations*. 1955.

[51] G. Seeley and T. Keyes. Normal-mode analysis of liquid-state dynamics. *J.Chem.Phys*, 91(9) :5581–5586, November 1989.

[52] Y. Wan and R. M. Stratt. Liquid theory for the instantaneous normal modes of a liquid. *J.Chem.Phys*, 100(7) :5124–5138, April 1994.

[53] R. M. Stratt and B.-C. Xu. Liquid theory for band structure in a liquid. ii.p orbitals and phonons. *J.Chem.Phys*, 92(3) :1923–1935, February 1990.

[54] M. Buchner, B. M. Ladayi, and R. M. Stratt. The short-time dynamics of molecular liquids.instantaneous-normal-mode theory. *J.Chem.Phys*, 97(11) :8522–8535, December 1992.

[55] M. Cho, G. R. Fleming, and R. M. Stratt. Instantaneous normal mode analysis of liquid water. *J.Chem.Phys*, 100(9) :6672–6683, May 1994.

[56] M. Nonella, G. Mathias, and P. Tavan. Infrared spectrum of p-benzoquinone in water obtained from a qm/mm hybrid molecular dynamics simulation. *J.Chem.Phys.A*, 107 :8638–8647, 2003.

[57] M. Schmitz and P. Tavan. Vibrational spectra from atomic fluctuations in dynamics simulations.ii.solvent-induced frequency fluctuations at femtosecond time resolution. *J.Chem.Phys*, 121(24) :12233–12246, December 2004.

[58] B. Brooks, J. D., and K. M. Harmonic analysis of large systems. i. methodology. *J.Comput.Chem.*, 16 :1522–1542, 1995.

[59] R. A. Wheeler and H. Dong. Optimal spectrum estimation in statistical mechanics. *ChemPhysChem*, 4 :1227–1230, 2003.

[60] R. A. Wheeler, H. Dong, and S. E. Boesch. Quasiharmonic vibration of water,water dimer, and liquid water from principal component analysis of quantum or qm/mm trajectories. *ChemPhysChem*, (4) :382–384, 2003.

[61] R. Levy, O. Rojas, and F. R.A. Quasi-harmonic method for calculating vibrational spectra from classical simulations on multidimensional anharmonic potential surface. *J.Phys.Chem.*, 88 :4233–4238, 1984.

[62] J. Bowman, X. Zhang, and A. Brown. Normal-mode analysis without the hessian : A driven molecular-dynamics approach. *J.Chem.Phys.*, 119(2) :646–650, 2003.

[63] M. Kaledin, A. Brown, A. Kaledin, and J. Bowman. Normal mode analysis using the driven molecular dynamics method.ii. an application to biological macromolecules. *J.Chem.Phys.*, 121(12) :5646–5653, 2004.

[64] M. Schmitz and P. Tavan. Vibrational spectra from atomic fluctuations in dynamics simulations.i.theory, limitations, and a sample application. *J.Chem.Phys*, 121(24) :12233–12246, December 2004.

[65] K. Hinsen. Analysis of domain motions by approximate normal modes calculations. *Proteins : Struct.Funct.Genet.*, 33 :417–429, 1998.

[66] K. T. A. Hinsen and F. M.J. Analysis of domain motions in large proteins. *Proteins : Struct.Funct.Genet.*, 33 :417–429, 1998.

[67] J. D. and B. Brooks. Harmonic analysis of large systems. ii. comparison of different protein models. *J.Comput.Chem.*, 16 :1543–1553, 1995.

[68] J. D., V. R.M., and B. Brooks. Harmonic analysis of large systems. iii. comparison with molecular dynamics. *J.Comput.Chem.*, 16 :1554–1566, 1995.

[69] Tuzun and al. Large-scale normal coordinate analysis of macromolecular systems : Thermal properties of polymer particles and crystals. *J.Phys.Chem.B*, 104 :526–531, 2000.

[70] A. Amadei, A. Linssen, and H. Berendsen. Essential dynamics of proteins. *Proteins : Struct.Funct.Genet.*, 17 :412–425, 1993.

[71] A. Strachan. Normal modes and frequencies from covariances in molecular dynamics or monte carlo simulations. *J.Chem.Phys*, 120(1) :1–4, January 2004.

[72] M. Martinez, M. Gaigeot, D. Borgis, and R. Vuilleumier. Extracting effective normal modes from equilibrium dynamics at finite temperature. *J.Chem.Phys.*, 125 :144106–13, 2006.

[73] D. J. Evans, O. G. Jepps, and G. Ayton. Microscopic expressions for the thermodynamique temperature. *Physical Review E*, 62(4) :4757–4763, octobre 2000.

[74] B. Butler, G. Ayton, O. G. Jepps, and D. J. Evans. Configurational temperature : Verification of monte carlo simulations. *J.Chem.Phys*, 109(16) :6519–6522, October 1998.

[75] G. T. Evans. Force correlation functions and the diffusion coefficient of water. *J.Chem.Phys*, 117(24) :11284–11291, December 2002.

[76] C. Eckart. Some studies concerning rotating axes and polyatomic molecules. *Phys.Rev.*, 47 :552–558, April 1935.

[77] C. Eckart. The kinetic energy of polyatomic molecules. *Phys.Rev.*, 46 :383–387, July 1934.

[78] J. Van Vleck. The rotational energy of polyatomic molecules. *Phys.Rev.*, 47 :487–494, February 1935.

[79] V. Bakken and T. Helgaker. The efficient optimization of molecular geometries using redundant internal coordinates. *J.Chem.Phys*, 117(20) :9160–9174, November 2002.

[80] P. Pulay and F. Fogarasi. Optimization in redundant internal coordinates. *J.Chem.Phys*, 96(4) :2856, frebruary 1992.

[81] B. Paizs, J. Baker, S. Suhai, and P. Pulay. Geometry optimization of large biomolecules in redundant internal coordinates. *J.Chem.Phys*, 113(16) :6566–6572, October 2000.

[82] S. Krimm, S.-H. Lee, and K. Palmo. A new formalism for molecular dynamics in internal coordinates. *Chemical Physics*, 265 :63–85, 2001.

[83] E. Martinez Torres. Formulation of the vibrational theory in terms of redundant internal coordinates. *Journal of Molecular Structure*, (520) :53–61, 2000.

[84] E. Martinez Torres, J. Lopez Gonzalez, and J. Vasquez Quesada. The concept of canonical molecular force field. *Journal of Molecular Structure*, (705) :141–145, 2004.

[85] M. Eliashevich. *Compt.rend.acad.sci*, 28 :605, 1940.

[86] J. Decius. Complete sets and redundancies among small vibrational coordinates. *J.Chem.Phys*, 17(12) :1315–1318, December 1949.

[87] P. Pulay, G. e. Fogarasi, F. Pang, and J. E. Boggs. Systematic ab initio calculation of molecular geometries, force constants, and dipole moment derivatives. *J. Am.Chem.Soc.*, 101(10) :2550–2560, May 1979.

[88] W. McCarthy and al. Out-of-plane vibrations of nh_2 in 2-aminopyrimidine and formamide. *J.Chem.Phys.*, 108(24) :10116–10128, 1998.

[89] B. L. Crawford and W. H. Fletcher. The determination of normal coordinates. *J.Chem.Phys*, 19(1) :141–142, 1951.

[90] W. Kauzmann. *Quantum Chemistry, An introduction*. Academic Press Inc., 1957.

[91] J. Biarge, J. Herranz, and J. Marcillo. *An. R. Soc. Esp. Fis. Quim.*, A 57(81), 1961.

[92] D. Segelstein. *The complex Refractive Index of Water*. 1981.

[93] M. Fernandez-Serra and E. Artacho. Network equilibration and first-principles liquid water. *J.Chem.Phys.*, 121(22) :11136–11144, 2004.

[94] N. Mirkin and S. Krimm. *J. Am. Chem. Soc.*, 113 :9742, 1991.

[95] S. Takeshi, I. Kumiko, I. Kazuo, I. Katsushige, and K. Ikunoshin. Structures of oligosaccharides derived from cladosiphon okamuranus fucoidan by digestion with marine bacterial enzymes. *Mar.Biotechnol.*, 5 :536–554, 2003.

[96] D. Régis, O. Berteau, L. Chevolot, A. Varenne, P. Gareil, and N. Goasdoue. Regioselective desulfation of sulfated l-fucopyranoside by a new sulfoesterase from the marine mollusk *pecten maximus*. *Eur.J.Biochem.*, 268 :5617–5626, 2001.

[97] B. Tissot, J. Salpin, M. Martinez, M. Gaigeot, and R. Daniel. Differentiation of the fucoidan sulfated i-fucose isomers constituents by ce-esims and molecular modeling. *Carbohydr. Res.*, 341(5) :598–609, 2005.

[98] I. G. Csonka, K. Elias, and G. I. Csizmadia. *Ab Initio* and density functional study of the conformational space of $1c_4$ α-l-fucose. *J. Comp. Chem.*, 18(3) :330–342, 1996.

[99] C. Cramer, D. Truhlar, and A. French. Exo-anomeric effects on energies and geometries of different conformations of glucose and related systems in the gas phase and aqueous solution. *Carbohydr. Res.*, 298 :1–14, 1997.

[100] C. Molteni and P. M. Glucose in aqueous solution by first principles molecular dynamics. *J.Am.Chem.Soc.*, 120 :2168–2171, 1998.

Oui, je veux morebooks!

i want morebooks!

Buy your books fast and straightforward online - at one of world's fastest growing online book stores! Environmentally sound due to Print-on-Demand technologies.

Buy your books online at
www.get-morebooks.com

Achetez vos livres en ligne, vite et bien, sur l'une des librairies en ligne les plus performantes au monde!
En protégeant nos ressources et notre environnement grâce à l'impression à la demande.

La librairie en ligne pour acheter plus vite
www.morebooks.fr

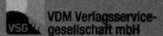

VDM Verlagsservicegesellschaft mbH
Heinrich-Böcking-Str. 6-8   Telefon: +49 681 3720 174   info@vdm-vsg.de
D - 66121 Saarbrücken   Telefax: +49 681 3720 1749   www.vdm-vsg.de

Printed by Books on Demand GmbH, Norderstedt / Germany